中等职业教育精品教材

电子产品装配与制作

主　编　何　丰　陈　洪　田应炜

副主编　刘小波　邱小华

参　编　滕　燕　龚治华　刘　连

主　审　彭仁全

U0234112

北京理工大学出版社
BEIJING INSTITUTE OF TECHNOLOGY PRESS

内 容 简 介

"电子产品装配与制作"课程是电子类专业重要的专业核心课程。该课程知识面广、内容多，在新形势下，为全面贯彻"理实一体化"的教学模式，不断拓宽学生的专业知识面，以适应将来工作岗位不断变换的情况，编者编写了本书。本书知识全面、循序渐进、由浅及深、通俗易懂，共分6个项目20个任务，主要介绍电子产品整机装配专用工具和仪器仪表、电子产品整机生产工艺文件的识读、电子元器件识别与检测、直流稳压电源、电子产品整机的检验与包装、电子产品整机装配与调试的内容。

本书既可以作为中等职业学校电类专业学生的学习用书，也可以作为电子从业者、爱好者、电类工厂技术人员和培训机构的学习、培训用书。

图书在版编目（CIP）数据

电子产品装配与制作/何丰，陈洪，田应炜主编. —北京：北京理工大学出版社，2019.5

ISBN 978-7-5682-6903-2

Ⅰ. ①电… Ⅱ. ①何…②陈…③田… Ⅲ. ①电子产品—装配（机械）—中等专业学校—教材 ②电子产品—生产工艺—中等专业学校—教材 Ⅳ. ①TN

中国版本图书馆 CIP 数据核字（2019）第 066838 号

出版发行／北京理工大学出版社有限责任公司

社　　址／北京市海淀区中关村南大街 5 号

邮　　编／100081

电　　话／（010）68914775（总编室）

　　　　　（010）82562903（教材售后服务热线）

　　　　　（010）68948351（其他图书服务热线）

网　　址／http://www.bitpress.com.cn

经　　销／全国各地新华书店

印　　刷／定州市新华印刷有限公司

开　　本／787 毫米 × 1092 毫米　1/16

印　　张／9.75

字　　数／241 千字

版　　次／2019 年 5 月第 1 版　2019 年 5 月第 1 次印刷

定　　价／28.00 元

责任编辑／陆世立

文案编辑／陆世立

责任校对／周瑞红

责任印制／边心超

图书出现印装质量问题，请拨打售后服务热线，本社负责调换

前　言

本书根据中等职业教育的发展变化，行业、企业和社会对中等职业教育需求的实际要求，国务院办公厅印发的《加快推进教育现代化实施方案（2018—2022）》及教育部印发的《中等职业学校专业教学标准》和我校电类专业建设的实际进行编写。

在编写中，编者充分考虑适用性、应用性、实践性要求，力求体现中等职业教育的特点，坚持以下几个原则：

1. 以能力为导向，重视实践技能的培养。根据毕业生从业实际需求，合理确立应具备的能力知识结构，以满足培养技能型人才需求。

2. 在内容取舍上力求系统性、完整性、应用性，既适应电子技术飞速发展需求，又保持理论的系统完整；引入适当的新内容、新技术，既适合全日制在校生教学，又能满足中级技工层次的社会培训。

3. 所应用的图形图标采用最新标准，贯彻"易教和易学"原则，使用图片、实物照片或表格形式生动地展示各知识点，每个任务中均设有任务目标，既培养学生自主学习的能力，又便于教师根据各项目的重点、难点做合理的课时安排。

本书由何丰、陈洪、田应炜担任主编，刘小波、邱小华担任副主编，彭仁全担任主审，滕燕、龚治华、刘连参与编写。

本书在编写过程中，得到了酉阳职教中心领导的大力支持和电子专业教研组全体教师的支持和帮助，在此深表感谢！由于编者水平有限，不足之处在所难免，恳请广大读者指正。

编　者

目　录

电子产品整机装配专用工具和仪器仪表

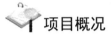 项目概况

"电子产品装配与制作"课程是电类专业非常重要的专业核心课程。该课程知识面广、内容繁多，在新形势下，为全面贯彻"理实一体化"的教学模式，不断拓宽学生的专业知识面，以适应将来工作岗位不断变换的情况，课程标准更注重新知识、新技能、新方法的收集与积累。本项目将从装配工具、钳口工具和紧固件的种类、使用方法、注意事项，以及示波器、毫伏表等仪器仪表面板结构和使用方法等方面进行分析探讨。

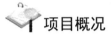 项目导入

新学期开始了，学校为了改善学生实习实训条件，不断满足教学实训需要，现需要在实训室安装、布置部分插线板、风扇和墙面投影或电视。同学们试想一下，我们要完成这项任务，应该具备什么素质和条件？

任务一 电子产品整机装配工具、钳口工具和紧固件的认识

『教学知识目标』

1. 认识常用装配工具和钳口工具。
2. 了解常用装配工具和钳口工具的种类。
3. 熟悉常用装配工具和钳口工具的使用方法及注意事项。

『岗位技能目标』

1. 能够正确使用常用装配工具。
2. 能够正确使用钳口工具。

3. 熟悉常用紧固件的类型。

『职业素养目标』

1. 通过学习和实训，不断提高使用电工装配工具和钳口工具的兴趣。

2. 通过学习工具使用，不断培养学生高尚的情操。

任务导入

根据学校实训室建设和课堂实训教学的实际，结合对实训室改建的认识，你作为本次实训室改建实施者，现需对相关装配工具、钳口工具及紧固件的种类、使用方法和使用注意事项有所认识。

必备知识

一、常用装配工具、钳口工具

（一）常用装配工具

紧固螺钉所用的工具有普通螺钉旋具（又称螺丝刀、改锥）、电动紧固螺钉旋具、棘轮螺钉旋具套装、活扳手、套筒扳手、呆扳手等，如图1-1-1～图1-1-6所示。

图 1-1-1　普通螺钉旋具

图 1-1-2　电动紧固螺钉旋具

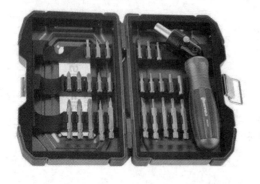

图 1-1-3　棘轮螺钉旋具套装

图 1-1-4　活扳手

图 1-1-5　套筒扳手　　　　　　　　　　　　图 1-1-6　呆扳手

（二）常用钳口工具

常用钳口工具有尖嘴钳、斜口钳、钢丝钳、剥线钳和网线钳等，如图 1-1-7～图 1-1-11 所示。

图 1-1-7　尖嘴钳　　　　　　　　　　　　图 1-1-8　斜口钳

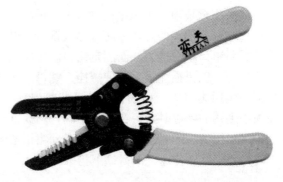

图 1-1-9　钢丝钳　　　　　　　　　　　　图 1-1-10　剥线钳

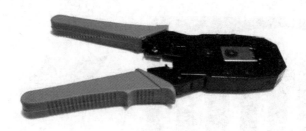

图 1-1-11　网线钳

（三）使用方法及注意事项

1. 螺钉旋具

使用方法：当螺钉旋具较大时，除大拇指、食指和中指要夹住握柄外，手掌还要顶住握柄的末端以防施转时滑脱。当螺钉旋具较小时，用大拇指和中指夹着握柄，同时用食指顶住握柄的末端用力旋动。螺钉旋具较长时，用右手压紧手柄并转动，同时左手握住螺钉旋具的中间部分（不可放在螺钉周围，以免将手划伤），以防止螺钉旋具滑脱。

使用注意事项：带电作业时，手不可触及螺钉旋具的金属杆，以免发生触电事故。作为电工，不应使用金属杆直通握柄顶部的螺钉旋具。为防止触到人体或邻近带电体，金属杆应套上绝缘管。

2. 扳手

使用方法：①使用呆扳手时，要根据螺栓头部的尺寸来确定合适的型号，并确保钳口的直径与螺栓头部直径相符，配合无间隙后才能进行操作。使用时，先用扳手套住螺栓或螺母六角的两个对向面，确保扳手与螺栓完全配合后才能施力。施力时，一只手推住呆扳手与螺栓连接处，并确保扳手与螺栓完全配合后，另一只手大拇指抵住扳头，另外四指握紧扳手柄部进行拉扳。②使用活扳手时，应根据螺母的大小选配规格。使用时，右手握手柄。手越靠后，扳动起来越省力。扳动大螺母时，需用较大力矩，手应握在靠近柄尾处，并且可随时调节蜗轮，收紧活络唇，防止打滑。

使用注意事项：①无论何种扳手，最好的使用效果都是拉动，若必须推动，只能用手掌来推，并且手指要伸开，以防螺栓或螺母突然松动而碰伤手指。②在使用活扳手时，应使扳手的活动钳口承受推力，而固定钳口承受拉力，即拉动扳手时，活动钳口朝向内侧，用力一定要均匀，以免损坏扳手或使螺栓、螺母的棱角变形，造成打滑而发生事故。③在使用扳手时应避免用力过大，否则有可能造成打滑碰伤人体。④扳手不得当作撬棒或手锤使用。⑤在扳动生锈的螺母时，可在螺母上滴几滴煤油或机油。千万不可采用钢管套在活扳手的手柄上来增加扭力。因为这样极易损伤活动钳口或螺母，导致螺母无法取出。⑥登高作业需用扳手时，要用绳索传递，不得抛上扔下。

3. 钢丝钳

使用方法：钢丝钳在电工作业时，用途广泛。钳口可用来弯绞或钳夹导线线头，齿口可用来紧固或起松螺母，刀口可用来剪切导线或切削导线绝缘层，铡口可用来铡切导线线芯、钢丝等较硬线材。

钢丝钳的使用方法如图 1-1-12 所示。

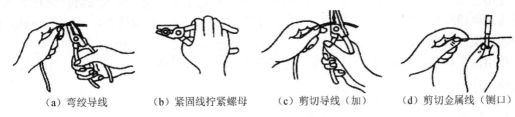

（a）弯绞导线　（b）紧固线拧紧螺母　（c）剪切导线（加）　（d）剪切金属线（铡口）

图 1-1-12　钢丝钳的使用方法

使用注意事项：使用前，检查钢丝钳绝缘是否良好，以免带电作业时造成触电事故。在带电剪切导线时，不得用刀口同时剪切不同电位的两根线（如相线与中性线、相线与相线），以免发生短路事故。

4. 尖嘴钳

使用方法：尖嘴钳因其头部尖细，适用于在狭小的工作空间操作。尖嘴钳可用来剪断较细小的导线，夹持较小的螺钉、螺母、垫圈、导线等，也可用来对单股导线进行整形（如平直、弯曲等）。

尖嘴钳的使用方法和钢丝钳的使用方法基本相同。它的钳柄上套有额定电压为 500V 的绝缘套管，绝缘套管破损的尖嘴钳不能使用。

尖嘴钳的握法是一般用右手操作，使用时握住尖嘴钳的两个手柄，进行夹持或剪切工作，如图 1-1-13 所示。

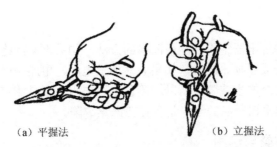

（a）平握法　　　　　　　（b）立握法

图 1-1-13　尖嘴钳的握法

使用注意事项：若使用尖嘴钳带电作业，应检查其绝缘是否良好；在作业时金属部分不要触及人体或邻近的带电体。

5. 斜口钳

使用方法：斜口钳的刀口可用来剖切软电线的橡皮或塑料绝缘层，也可用来切剪电线、铁丝。使用时用右手操作，将钳口朝内侧，以便于控制钳切部位，用小指伸在两钳柄中间来抵住钳柄，张开钳头，进行操作。

使用注意事项：在使用时，注意控制钳口部位，以免夹伤手指；若使用斜口钳带电作业，应检查其绝缘是否良好，在作业时金属部分不要触及人体或邻近的带电体。

6. 剥线钳

使用方法：剥线钳是专用于剥削较细小导线绝缘层的工具。使用剥线钳时，先将要剥削的绝缘长度用标尺定好，然后将导线放入相应的刀口中（比导线直径稍大），用手握钳柄，导线的绝缘层即被剥离。

使用注意事项：使用剥线钳时，要注意剥线长度，以免浪费；同时剥线时尽量少使用刀口，以免切断部分铜芯线。

7. 网线钳

使用方法：将网线放入网线钳相应的剥线刀口，合拢手柄使刀口合并，并旋转线材几圈，然后顺线主体方向稍微用力缓缓拉动，此时外皮将顺着线头脱离；剥离好外皮后，将线的内芯按通信规格要求顺序排列、整平，然后沿着剪线刀口内沿进行裁线；将裁好的线放入水晶头顶紧，水晶头沿着相应的压制口内沿放入，用手对线施加压力，用另一只手合拢网线钳手柄，确保手柄合拢紧密后松开手柄移出水晶头。

使用注意事项：在使用网线钳剥线的过程中，不要伤及线芯，以免造成不必要的浪费和经济损失。

二、常用装配工具、钳口工具的安全检测

1. 外观检测

检查螺钉旋具和钳子头部是否有磨损，扳手各部位是否有毛刺，螺钉旋具、钳子的手柄有无表面破损。

2. 绝缘电阻检测

测量绝缘电阻是评价电器绝缘性能最简单的方法。如果常态绝缘电阻值低，说明绝缘结构中可能存在某些隐患或受损。此时，如果突然加上电源，电路中产生过电压，绝缘损坏处有可能击穿，对人身安全产生威胁。所以，测量绝缘电阻主要是测定螺钉旋具和扳手手柄对地的绝缘电阻，以判别电器产品的绝缘是否存在严重缺陷。

三、紧固件的种类与选用

1. 螺钉的种类与适用范围

螺钉在工业生产制造中是必不可少的，被称为"工业之米"，可用于电子产品、机械产品、数码产品、电力设备、机电机械产品等。电子装配常用的各种螺钉如图 1-1-14 所示。

2. 螺钉的选用

用在一般电子仪器上的连接螺钉，可以选用镀钢或镀铬螺钉；用在仪器面板上的连接螺钉，为了美观和防止生锈，可以选择镀铬或镀镍螺钉。

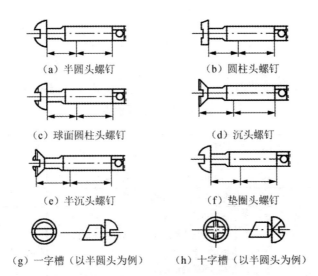

（a）半圆头螺钉　　　　　　（b）圆柱头螺钉

（c）球面圆柱头螺钉　　　　（d）沉头螺钉

（e）半沉头螺钉　　　　　　（f）垫圈头螺钉

（g）一字槽（以半圆头为例）　（h）十字槽（以半圆头为例）

图 1-1-14　电子装配常用的各种螺钉

活动设计：家用照明电路的安装

（1）活动形式：以小组为单位，分组进行。

（2）活动时间：40min。

（3）活动目的：加深对照明电路的实训巩固，提升小组的团队协调能力和动手能力。

（4）活动材料准备如表 1-1-1 所示。

表 1-1-1　活动材料准备

材料名称	数量
2.5mm² 铜导线	100m
照明电路板	10块
电度表	10块
开关	10个
灯头	10个
插座	10个
灯泡	10个
螺钉旋具	"十"字和"一"字各10把
尖嘴钳	10把
剥线钳	10把
绝缘胶带	10圈
接线桩	20个
螺钉	200颗

（5）活动实施：对家用照明电路进行设计、安装。

任务评价表如表 1-1-2 所示。

表 1-1-2　任务评价表

序号	项目	配分	评价要点	自评	互评	教师评价	平均分
1	设计布局合理	12	每发现一处不合理扣 3 分				
2	走线规范	8	每发现一处不规范扣 2 分				
3	中性线、相线分明	5	出现错误不得分				
4	电路能正常运行	30	电路不能正常运行扣 15 分，调试后仍不能运行的不得分				
5	熟悉电路流程	20	不熟悉的酌情扣分				
6	工具摆放规范	20	每发现一处不规范扣 5 分				
7	用时在规定范围内	5	超过 40min 不得分				

任务二　示波器、毫伏表的使用

『**教学知识目标**』

1. 了解模拟示波器的作用、特点和分类，掌握常用按键的功能。
2. 了解数字示波器的结构、特点及基本组成。
3. 了解毫伏表的作用、类型，掌握其工作原理。
4. 明确 TVT-321 型单通道交流毫伏表和 SM1030 型数字式交流毫伏表的面板功能。

『**岗位技能目标**』

1. 用示波器观察直流电压、交流电压和其他信号的波形。
2. 认识不同类型的毫伏表。
3. 了解毫伏表的性能指标。
4. 会使用 TVT-321 型单通道交流毫伏表和 SM1030 型数字式交流毫伏表。

『**职业素养目标**』

1. 通过学习和实训，不断提高对示波器、毫伏表的认识，并熟悉其使用方法。
2. 通过对示波器、毫伏表的学习，不断培养学生的学习兴趣。

在电子产品装配与维修中，经常要测量电路关键点的电压、频率、相位等参数。示波器、毫伏表是重要的测量仪器，用示波器观察电路中信号的波形和频率，用毫伏表测量关键点电压，有利于对电路进行分析、判断，并为电路维修带来方便。根据学校实训室和课堂实训教学的实际，你作为本次任务的实施者，现需对示波器、毫伏表的使用方法有所认识。

一、用模拟示波器观察电信号

（一）任务描述

现场提供了 YB4320G 型示波器 1 台、电池 1 块、信号发生器 1 台、电视机电路板 1 块、试电笔 1 支、螺钉旋具 1 把。请在认识模拟示波器 YB4320G 的基础上，完成下面各项内容：

（1）用 YB4320G 型示波器检测电池电压。

（2）用 YB4320G 型示波器检测正弦波信号发生器的输出端信号。

（3）用 YB4320G 型示波器检测电视机视放管基极电压。

以二人为一组，分别检测出两组波形，填写在表 1-2-1 中，然后分析波形数据（完成这一任务大概需要 90min）。

表 1-2-1 示波器检测情况记录

项目	电池电压	信号发生器的输出端信号	电视机视放管基极电压
波形绘制			
参数记录			

（二）操作进程

1. 认识示波器

在实际的测量中，大多数被测量的电信号是随时间变化的，可以用时间的函数来描述。

而示波器就是一种把随时间变化的、抽象的电信号用图像来显示的综合性电信号测量仪器，主要测量内容包括电信号的电压幅度、频率、周期、相位等电量；与传感器配合还能完成对温度、速度、压力、振动等非电量的检测。所以，示波器已成为一种直观、通用、精密的测量工具，广泛地应用于科学研究、工程实验、电工电子、仪器仪表等领域。

示波器按用途可分为简易示波器、双踪（多踪）示波器、取样示波器、存储示波器、专用示波器等。

示波器按对信号的处理方式分为模拟示波器、数字示波器。

模拟示波器的种类较多，但它们的组成和工作原理是基本相同的。下面以 YB4320G 型示波器为例进行介绍。该机操作方便、性价比较高，在社会上有较大的拥有量。图 1-2-1 为 YB4320G 型示波器的实物图。

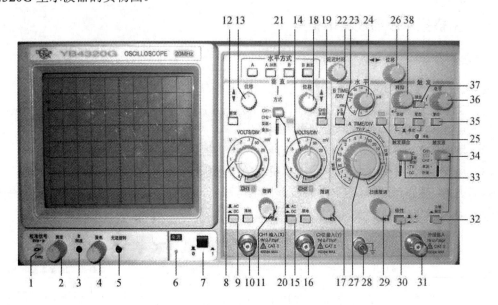

图 1-2-1　YB4320G 型示波器的实物图

YB4320G 型示波器面板主要由 6 部分组成，分别是电源控制部分、电子束控制部分、垂直（信号幅度）控制部分、水平（时基）控制部分、触发控制部分和其他部分。下面分别介绍各功能旋钮的名称和功能。

（1）电源控制部分如表 1-2-2 所示。

表 1-2-2　电源控制部分

编号	名称	图形	功能
6	电源 LED	电源 ○	电源开机指示灯

续表

编号	名称	图形	功能
7	电源开关（POWER）	0　　1	当按下此键时，电源开，且 LED 发光

（2）电子束控制部分如表 1-2-3 所示。

表 1-2-3　电子束控制部分

编号	名称	图形	功能
2	辉度（INTEN）	辉度	调节电子束的强度，控制波形的亮度。顺时针调节时亮度增大
3	B 辉度	B 辉度	顺时针方向旋转此旋钮，增加延迟扫描 B 的亮度
4	聚集（FOUCS）	聚焦	调节波形线条的粗细，使波形最细、最清晰
5	光迹旋转（TRACE ROTAION）	光迹旋转	调整水平基线倾斜度，使之与水平刻度重合

（3）垂直（信号幅度）控制部分如表 1-2-4 所示。

表 1-2-4　垂直（信号幅度）控制部分

编号	名称	图形	功能
20	垂直工作模式选择（MODE）	CH1 CH2 双踪　X-Y 叠加	CH1、CH2：此时单独显示 CH1 或 CH2 的信号。 双踪（DUAL）：两个信道同时显示。 叠加（ADD）：两个信道的信号做代数和，配合 CH2 反相键可以做代数减

编号	名称	图形	功能
10、16	CH1、CH2 输入	CH1输入 ⚠400Vpk MAX / CH2输入 ⚠400Vpk MAX	信号输入，接探头
9、15	输入信号耦合方式选择	AC / DC 接地	AC：只输入交流信号。 DC：交流、直流信号一起输入。 接地（GND）：将输入端短路，适用于基线的校准
8、14	垂直衰减调节（VOLTS/DIV）	VOLTS/DIV ... CH1 X / VOLTS/DIV ... CH2 Y	信号电压幅度调节，以便使波形在垂直方向得到合适的显示，控制 CH1 和 CH2 通道
11、17	垂直微调（CAL）	微调 / 校准	垂直电压微调、校准，校准时，应顺时针旋到底
13、18	垂直位移（POSITION）	位移	调节基线垂直方向上的位置
12	断续（CHOP）	断续	在双踪显示时，当被测信号频率较低时，按下此键（断续方式），可避免波形的闪烁
19	CH2 反相	CH2反相	按下此键，CH2 信道的信号将被反相，配合垂直工作模式选择中的叠加模式可实现两个信号相减

（4）水平（时基）控制部分如表 1-2-5 所示。

表 1-2-5　水平（时基）控制部分

编号	名称	图形	功能
27	水平扫描时间系数调节（TIME/DIV）		调节水平方向上每格所代表的时间
29	扫描时间校准（SWP VAR）		水平扫描时间微调、校准。校准时，应顺时针旋到底
21	水平工作方式选择		A：此键用于一般波形的观察。 A 加亮：与 A 扫描相对应的 B 扫描区段以高亮度显示。 B：单独显示扫描 B。 B 触发：选择连续延迟扫描和触发延迟扫描
22	延迟时间调节旋钮		调节对应于主扫描起始延迟多少时间启动延迟扫描，调节该旋钮，可使延迟扫描在主扫描全程任何时段启动延迟扫描
23	×5 扩展		按下此键，扫描速度提高 5 倍，此时每格的扫描时间是 TIME/DIV 旋钮指示数值的 1/5
24	B TIME/DIV		扫描 B 时间调节
25	X-Y		按下此键，CH1 的输入信号取代本机所产生的水平扫描信号。常用于两个信号的频率、相位比较
26	水平位移（POSITION）		调节波形在水平方向的位置

（5）触发控制部分如表 1-2-6 所示。

表 1-2-6　触发控制部分

编号	名称	图形	功能
30	极性（+、-） （SLOPE）	极性 + -	触发信号的极性控制，按下为负极性触发
31	外接输入 （EXT）	外接输入 ⚠ 100Vpk MAX	当触发源处于置于外接时，由此输入触发信号
32	交替触发 （TRIG.ALT）	交替 触发	按下此键，触发信号分别取自两个通道，主要用于双踪显示但两个信号不相关时的同步触发
33	触发耦合	AC 高频 抑制 TV DC	AC（电容耦合）：它只允许用触发信号的交流分量触发。 高频抑制：按下此键触发信号中的高频成分被抑制，仅由低频分量触发。 TV：用于电视维修时的同步触发。 DC（直流耦合）：不隔断触发信号的直流分量，适用于低频信号的测量
34	触发源选择 （SOURCE）	触发源 CH1 X-Y CH2 电源 外接	CH1、CH2：此时触发信号分别来自 CH1 和 CH2 信号。 电源（LINE）：使用电源频率信号为触发信号。 外接（EXT）：此时需要外部输入触发信号
35	触发方式选择 （MODE）	自动　　常态　　复位 单次	自动（AUTO）：扫描电路自动进行扫描，无输入信号时，屏幕上仍可显示时间基线，适用于初学者使用。但长时间不用时，为保护荧光屏，应调小亮度。 常态（NORM）：有触发信号才能扫描，即当没有输入信号时，屏幕无亮线。 单次（SINGLE）：当"自动""常态"两键同时弹出时，即为单次触发。 复位（RESET）：按下此键后，电路恢复原来状态
36	电平	电平 - +	调节触发信号的强度，又称同步调节，使波形稳定
37	锁定（LOCK）	锁定	按下此键后，无论信号如何变化，触发电平都自动保持在最佳位置，不需人工调节电平
38	释抑（HPLDOFF）	释抑	当信号波形复杂，用"电平"旋钮不能稳定触发时，可用此旋钮使波形稳定同步

（6）其他部分如表 1-2-7 所示。

表 1-2-7　其他部分

编号	名称	图形	功能
1	校准信号	校准信号 $2V_{P-P}$ 〇 1kHz	此处是由示波器本身所产生的一个幅度为 $2V_{P-P}$、频率为 1kHz 的方波信号，以供示波器的探头补偿校准
28	示波器接地		接地

2. 使用模拟示波器

下面将从扫描基线的获得、校准和测量电信号等方面介绍模拟示波器的使用方法。

1）扫描基线的获得（以 CH1 通道为例）

在观看电信号之前，先要获得扫描基线，通过下面步骤可以获得扫描基线。

（1）开机：按下电源开关，模拟示波器开机，指示灯亮。

（2）设置通道的工作和输入耦合方式：将垂直通道的工作方式设为 CH1，并将 CH1 的输入耦合方式设为接地。

（3）调节辉度：顺时针调节辉度旋钮，直到看见有亮光为止。

（4）选择触发方式：将触发方式设为自动，此时应该出现扫描基线。若此时还未出现基线，可以尝试下一步操作。

（5）调节垂直位移：找出扫描基线，并调节垂直位移旋钮，使基线与水平轴重合。

友 情 提 示

调节光迹旋转： 按照正常的调节步骤就能得到扫描基线，如果基线与 X 轴只能相交不能重合就应调节光迹旋转螺钉，使基线与水平轴重合。

（6）调节聚焦：旋转聚焦旋钮，使水平基线最清晰（最细小）。

经过以上操作，能在屏幕上得到一条最清晰的水平扫描基线，即完成示波器使用的第一步。

2）校准

为了真实地反映被测信号的波形，应该在测量前进行校准，方法如下。

（1）探头的一端接示波器：将探头插入端口，并顺时针旋转，方能正确连接。

（2）接校准信号：将探头的另一端接在示波器的校准信号输出端。

（3）垂直衰减和水平扫描时间系数调节：将垂直衰减调节旋钮（CH1 X）旋到 1V 挡位，将水平扫描时间系数调节旋钮旋到 0.5ms 挡位，分别将 CH1 通道的垂直微调和扫描微调旋钮顺时针旋到底。

（4）调探头的补偿：用螺钉旋具调节探头上的补偿调节螺钉，使其补偿适中，得到校准信号波形。补偿调节对应波形示意图如图1-2-2所示。

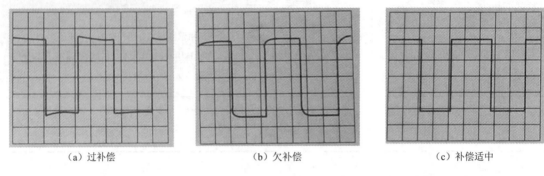

（a）过补偿　　　　　　　　　　（b）欠补偿　　　　　　　　　　（c）补偿适中

图1-2-2　补偿调节对应波形示意图

知识窗口

探头介绍

探头是电信号与示波器连接的桥梁，它是一根屏蔽线。探头接信号源的一端由接信号源的正极端头和负极端头，以及探头衰减开关组成；探头接示波器的一端由接示波器的端口和探头补偿调节螺钉组成，如图1-2-3所示。

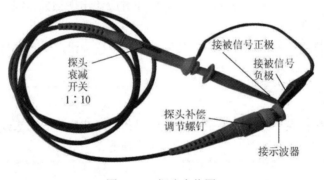

图1-2-3　探头实物图

3）测量电信号

（1）测量电池电压。

测量电池电压之前要先获得正确的扫描基线。输入耦合方式选择为DC，正确接好探头，将垂直微调旋钮顺时针旋到底，将垂直衰减调节旋钮（CH1 X）旋到5V挡位，使波形在荧光屏上适中。

得到的电池测量波形如图1-2-4所示，可以看出波形是一条平滑的直线，电压为10V。

图 1-2-4 得到的电池测量波形

波形电压参数读取

根据下面数学表达式可以得到被测量信号的电压值:

$$电压=垂直格数×电压/格$$

$$V=2\ 格×5V/DIV=10V$$

（2）观察正弦波信号波形。

利用模拟示波器观察信号发生器产生的正弦波信号波形，这一步同样在获得扫描基线的前提下进行，步骤如下。

第一步：调节信号发生器，使之输出正弦波信号，并连接信号发生器与示波器。

第二步：将垂直衰减调节旋钮（CH1 X）旋到 0.2V 挡位，将水平扫描时间系数调节旋钮旋到 0.2ms 挡位。

第三步：触发源（CH1 或 CH2）与通道一致，如果用的是 CH1 通道，则触发源选择 CH1 挡位，调节电平旋钮，得稳定波形图，如图 1-2-5 所示。

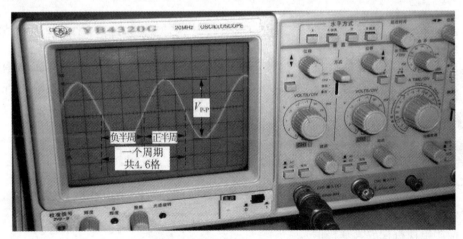

图 1-2-5 正弦信号波形及注释

知 识 窗 口

波形参数的读取

V_{P-P}=垂直格数×V/格，有 V_{P-P}=4×0.2V=0.8V。

$V_{有}$=V_{P-P}/2×0.707 =0.8/2×0.707=0.283V。

周期 T=水平格数×时间/格=4.6×0.2ms=0.92ms。

正半周 T_H=正半周所占水平格数×时间/格=T_H=2.3×0.2ms=4.6ms。

负半周 T_L=负半周所占水平格数×时间/格=T_L=2.3×0.2ms=4.6ms。

频率 $f=\dfrac{1}{T}$ ，有 $f=\dfrac{1}{9.2\times10^{-4}\text{s}}\approx1086.96\text{Hz}$ 。

友 情 提 示

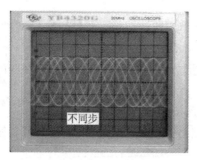

图 1-2-6　波形不同步

波形不同步的原因：①触发源选得不对；②触发电平调得不合适；③信号过于复杂。本次以①②为例，如图 1-2-6 所示。

波形不同步的处理方法：首先检查触发源是否与输入通道一致（CH1 或 CH2），其次调节同步电平。

做 一 做

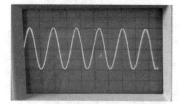

图 1-2-7　观察的波形

某次测量时，示波器的垂直衰减调节旋钮（CH1 X）旋到 0.5V 挡位，水平扫描时间系数调节旋钮旋到 2ms 挡位，观察的波形如图 1-2-7 所示。

读出并计算波形参数：

V_{P-P}=_____；　　　　　$V_{有}$ =_____；

周期 T=_____；　　　　　正半周 T_H =_____；

负半周 T_L =_____；　　　频率 f =_____。

4）检测电视机视放管基极信号

（1）将输入耦合方式设为 AC，触发方式设为自动，正确连接探头。

友情提示

探头使用注意事项：

（1）探头与被测电路连接时，探头的接地端务必与被测电路的地线相连。否则，在悬浮状态下，示波器与其他设备或大地间的电位差可能导致触电或损坏示波器。

（2）测量建立时间短的脉冲信号和高频信号时，尽量将探头的接地导线与被测点的位置邻近。接地导线过长，可能会引起振铃或过冲等波形失真。

（3）为避免测量误差，务必在测量前对探头进行检验和校准。

（4）对于高压测试，要使用专用高压探头，分清正、负极后，确认连接无误才能通电开始测量。

（2）将垂直衰减调节旋钮（CH1 X）放到 1V 挡位，将水平扫描时间系数调节旋钮旋到 10μs 挡位。

（3）得出信号波形，如图 1-2-8 所示。亮度信号注释如图 1-2-9 所示。

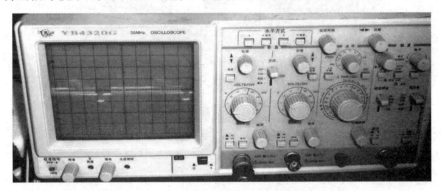

图 1-2-8　稳定的亮度信号波形

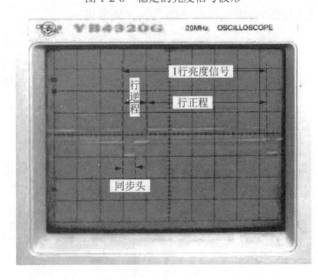

图 1-2-9　亮度信号注释

由图 1-2-9 可知，此时亮度信号的周期：T=6.4×10μs=64μs。

（4）使用时间扩展功能对行同步信号进行详细观察（以观察同步头为例）。按下×5 扩展键，此时若行同步信号的波形没有在屏幕的中央，可以调节水平位移旋钮，使波形显示在中间位置。

注意： 由于使用了时间扩展功能，此时水平方向上每格所代表的时间为指示值/5，行同步信号的注释如图 1-2-10 所示。

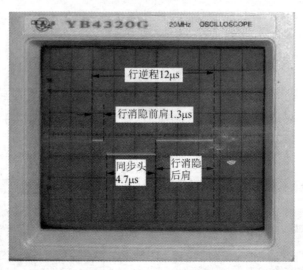

图 1-2-10　行同步信号波形及注释

5）双踪显示 1

利用示波器的 CH1、CH2 两个通道，分别输入幅度大小和相位不相同的信号，对两种信号的幅度大小和相位进行比较。

（1）测量对象：行振荡级输出端与行激励晶体管集电极。

（2）将 CH1 探头接行振荡级输出端，将 CH2 探头接行激励晶体管集电极。设置垂直工作方式为双踪，将垂直衰减调节旋钮（CH1 X）旋到 2V 挡位，将垂直衰减调节旋钮（CH2 Y）旋到 5V 挡位，将水平扫描时间系数调节旋钮旋到 20μs 挡位，设置触发耦合为 AC，设置触发源为 CH1 或 CH2。

（3）得到双踪显示的波形，如图 1-2-11 所示。

6）双踪显示 2

从示波器上不仅能够观察出两种信号的幅度大小和相位的区别，还能够计算同频率信号的相位差。

（1）测量对象：同频率的两个正弦信号。

（2）将 CH1 探头接信号 1，将 CH2 探头接信号 2，调节各旋钮，得两个信号，如图 1-2-12 所示。波形注释如图 1-2-13 所示。

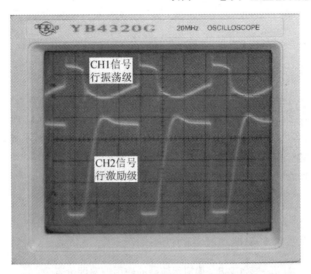

图 1-2-11　行振荡信号与行激励信号

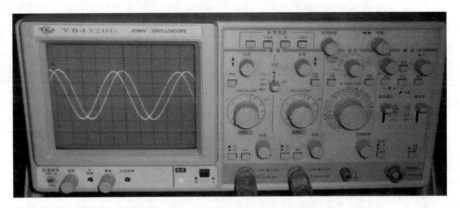

图 1-2-12　同频率正弦信号的相位比较

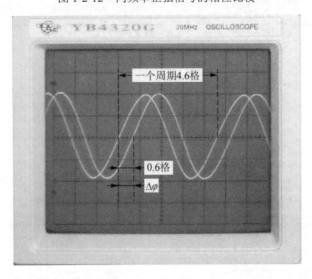

图 1-2-13　波形注释

求相位差的方法

一个周期在 X 轴上的格数为 4.6 格，所以每格代表的相位为 78.2°（一个周期 $2\pi=360°$，所以每格所代表的相位为 360° 除以一个周期的水平总格数），则相位差 $\Delta\varphi=0.6\times78.2°=49.62°$。

（三）任务评价

根据表 1-2-8 中的要求对模拟示波器的使用情况进行评价。

表 1-2-8　模拟示波器的使用情况评价表

序号	项目	配分	评价要点	自评	互评	教师评价	平均分
1	获得扫描基线	10	（1）工作方式和输入耦合方式选择正确得 3 分。 （2）连接探头正确得 3 分。 （3）合理选择垂直衰减调节旋钮挡位得到波形得 4 分				
2	校准示波器	10	（1）连接探头正确得 3 分。 （2）关闭相应微调得 3 分。 （3）得到校准信号波形得 4 分				
3	检测电池电压	20	（1）输入耦合方式选择正确得 6 分。 （2）波形同步得 6 分。 （3）合理选择垂直衰减调节旋钮挡位得出波形得 8 分				
4	检测正弦波信号	20	（1）垂直衰减调节旋钮挡位、水平扫描时间系数调节旋钮挡位选择正确得 6 分。 （2）波形同步得 6 分。 （3）得出波形并读取波形参数得 8 分				
5	检测视放管基极信号	20	（1）耦合方式、触发方式选择正确得 5 分。 （2）探头连接正确得 5 分。 （3）垂直衰减调节旋钮挡位、水平扫描时间系数调节旋钮挡位选择正确得 5 分。 （4）得出信号波形得 5 分				
6	比较两个信号的幅度大小和相位	10	（1）工作方式选择正确得 2.5 分。 （2）垂直衰减调节旋钮挡位、水平扫描时间系数调节旋钮挡位选择合理得 2.5 分。 （3）触发耦合和触发源选择正确得 2.5 分。 （4）得到双踪显示的波形得 2.5 分				
7	计算两个信号的相位差	10	（1）得到双踪显示的波形得 5 分。 （2）会计算相位差得 5 分				
材料、工具、仪表			（1）每损坏一处扣 2 分。 （2）材料、工具、仪表没有放整齐扣 5 分				
环境保护意识			每乱丢一项废品扣 2 分				
安全文明操作			违反安全文明操作（视其情况进行扣分）				

续表

序号	项目	配分	评价要点	自评	互评	教师评价	平均分
额定时间		每超过 5min 扣 2 分					
开始时间		结束时间		实际时间		成绩	
综合评议意见（教师）							
评议教师				日期			
自评学生				互评学生			

（四）知识探究

1. 示波器的特点

（1）能将肉眼看不到的、抽象的电信号变成具体的图形，使之便于观察、测量和分析。

（2）波形显示速度快，工作频率范围宽，灵敏度高，输入阻抗高。

（3）利用电路存储功能，可以观察瞬变的信号。

（4）配合传感器使用，可以观察非电物理量的变化过程。

（5）一般来说，示波器体积较大，不便于携带。现在有一种类似于数字万用表大小的示波表，但其功能并不齐全。

2. 示波器的发展

20 世纪 30～50 年代是电子管示波器阶段。1958 年，示波器的带宽达到 100MHz，此后示波器的带宽发展缓慢。

20 世纪 60 年代是晶体管示波器阶段。这一阶段由于采用了晶体管器件，示波器的带宽突破 100MHz 达到 150MHz，1969 又发展到 300MHz。同年，取样示波器的带宽达到 18GHz。

20 世纪 70 年代是集成化示波器阶段。集成电路技术为示波器的小型化和高性能、高可靠性发展创造了条件。1971 年，示波器的带宽提高到 500MHz。1972 年，第一台数字存储式示波器诞生，它对示波器的发展有着巨大的影响。1979 年，示波器的带宽达到 1GHz。

20 世纪 80 年代以来，随着数字电子技术、计算机技术、智能技术的高度发展，示波器开始朝着数字化、智能化、自动化的方向高速发展。

3. 模拟示波器的结构及工作原理

示波器利用微小的、高速运动的电子束打在涂有荧光粉的屏面上，就可产生细小光点的原理制成。在被测信号的作用下，电子束就像一支笔，可以在屏面上描绘出被测信号的瞬时变化曲线。

1）示波器的基本组成

示波器由显示电路、垂直（Y 轴）放大及衰减电路、水平（X 轴）放大及衰减电路、扫描与同步电路、电源供给电路等构成，如图 1-2-14 所示。

（1）显示电路。

显示电路的核心是示波管。它是一种特殊的电子管。示波管的基本结构如图 1-2-15 所示。

由图 1-2-15 可见，示波管由电子枪、偏转系统和荧光屏 3 个部分组成。

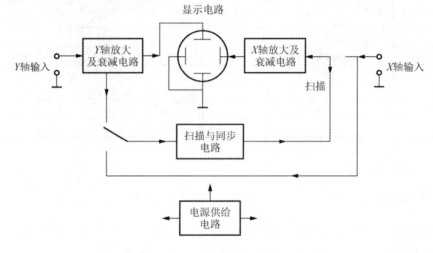

图 1-2-14　示波器的组成方框图

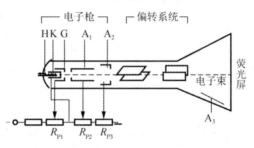

图 1-2-15　示波管的结构

① 电子枪。

电子枪主要由灯丝 H、阴极 K、栅极 G、加速极 A_1、聚焦极 A_2、高压阳极 A_3 组成。它的作用是形成高速、汇聚的电子束去轰击荧光粉使之发光。

② 偏转系统。

示波管的偏转系统采用静电偏转方式（电视机的显像管采用磁偏转方式），由两对相互垂直的平行金属板组成，分别称为水平（X）偏转板和垂直（Y）偏转板。若偏转板上没有加电压，则偏转板之间无电场，电子束射向屏幕中央；若偏转板上有电压，则偏转板之间形成电场，使电子束在水平方向和垂直方向产生运动，如图 1-2-16 所示。

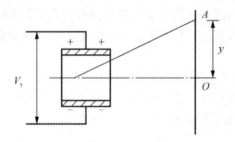

图 1-2-16　偏转板电场电子束的控制作用

③ 荧光屏。

荧光屏位于示波管的终端，功能是将电子束的运动轨迹显示出来，以便观察。

（2）X/Y 轴放大及衰减电路。

示波管偏转板的灵敏度较低（为 0.1～1mm/V），当输入信号电压较小时，荧光屏上的光点偏移很小，无法观测。因此，要对信号电压放大后再加到偏转板上，为此在示波器中设置了 X 轴与 Y 轴放大电路。当输入信号电压很大时，放大电路无法正常工作，使输入信号发生畸变，甚至使仪器损坏。因此，在放大电路前级设置有衰减电路。X/Y 轴衰减电路和放大电路配合使用，以满足对各种信号的观测要求。

（3）扫描与同步电路。

扫描电路产生一个锯齿波电压。该锯齿波电压的频率在一定的范围内连续可调，作用是使示波管阴极发出的电子束在荧光屏上形成周期性的、与时间成正比的水平位移，即形成时间基线。这样才能把加在垂直方向的被测信号按时间变化的波形显示在荧光屏上。

同步电路是为了保证波形稳定地显示在荧光屏上，使锯齿波电压信号的频率和被测信号的频率保持同步。

（4）电源供给电路。

电源供给电路的作用是向各部分电路提供工作电源。

2）波形显示的基本原理

（1）波形的显示。

由示波管的原理可知，一个电压加到一对偏转板上时，将使光点在荧光屏上产生一个位移，该位移的大小与所加电压成正比。如果在垂直和水平两对偏转板上都加上电压，则荧光屏上的光点位置就由两个方向的位移共同决定。

如果将一个正弦交流电压加到 Y 偏转板上时，荧光屏上的光点将受电压的控制而移动。由图 1-2-17 可知，在时间 $t=0$ 的瞬间，电压为 V_0（零值），荧光屏上的光点位置在 0 点上，在时间 $t=1$ms 的瞬间，电压为 V_1（正值），荧光屏上光点在 0 点上方的 1 点上；在时间 $t=2$ms 的瞬间，电压为 V_2（最大正值），荧光屏上的光点在 0 点上方的 2 点上，位移的距离正比于电压 V_2；以此类推，在时间 $t=3$ms，$t=4$ms，…，$t=8$ms 的各个瞬间，荧光屏上光点位置分别为 3，4，…，8 点。在交流电压的第二个周期、第三个周期……都将重复第一个周期的情况。如果加在 Y 偏转板上的交流电压频率较高，则由于荧光屏的余辉现象和人眼的视觉暂留现象，在荧光屏上看到的就是一条垂直的亮线。

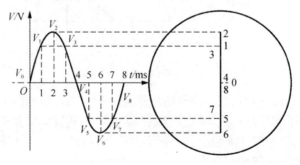

图 1-2-17 交流电压与光点位移

如果将一个随时间变化的线性电压（如锯齿波电压）加到 X 偏转板上，则得到的情况会和 Y 偏转板相似，如图 1-2-18 所示。图 1-2-19 是正弦信号和锯齿波信号在荧光屏上的合成图形。这就是在示波器上显示的波形。

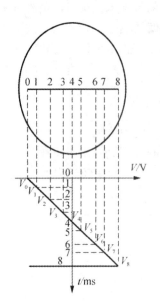 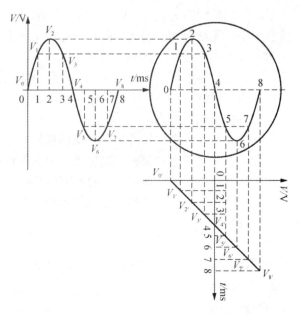

图 1-2-18　锯齿波电压与光点位移　　图 1-2-19　正弦信号和锯齿波信号在荧光屏上的合成图形

（2）波形的稳定。

当被测信号电压的频率与锯齿波电压的频率不成整数倍时，荧光屏上将不能得到稳定的波形。如图 1-2-20 所示，第一次扫描时，屏幕上显示的是 0～1 这段波形曲线；第二次扫描时，屏幕上显示 1～2 这段波形曲线；第三次扫描时，屏幕上显示 2～3 这段波形曲线；以此类推，可见，每次荧光屏上显示的波形曲线都不相同，所以图形不稳定。

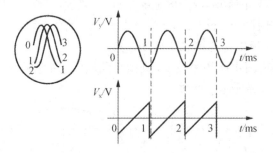

图 1-2-20　波形不稳定的示意图

为使荧光屏上的图形稳定，被测信号电压的频率应与锯齿波电压的频率保持整数比的关系，即同步关系。为了实现这一点，示波器中都设有同步装置，只要按照需要来选择适当的同步信号（触发信号），便可使被测信号与锯齿波扫描保持同步，实现波形的稳定。

3）通用双踪示波器的组成与原理

在实际测量过程中，常常需要同时观察、比较两种（或两种以上）信号随时间变化的过程。为了达到这个目的，人们在应用普通示波器原理的基础上研制出双踪（或多踪）示波器，其关键是在单线示波器的基础上，增设一个专用电子开关，用来实现两种（或多种）波形的分别显示。

（1）双踪示波器的基本组成。

图 1-2-21 是双踪示波器的组成框图，它主要由两个通道的 Y 轴衰减及放大电路、门控电路、电子开关、混合电路、延迟电路、Y 轴后置放大电路、时基触发电路、扫描电路、X 轴放大电路、Z 轴放大电路、校准信号电路、高低压电源供给电路等组成。

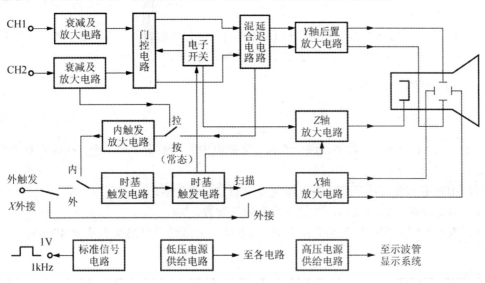

图 1-2-21　双踪示波器的组成框图

（2）双踪示波器的显示原理。

图 1-2-22 是双踪示波器基本原理的示意图。图 1-2-22 中，电子开关 S 的作用是使加在示波管 Y 偏转板上的电压信号在 CH1 和 CH2 之间做周期性转换。例如，在 0～1ms 这段时间里，电子开关 S 与信号通道 A 接通，这时在荧光屏上显示出信号 V_A 的一段波形；在 1～2ms 这段时间里，电子开关 S 与信号通道 B 接通，这时在荧光屏上显示出信号 V_B 的一段波形；在 2～3ms 这段时间里，荧光屏上再一次显示出信号 V_A 的一段波形；在 3～4 这段时间里，荧光屏上将再一次显示出 V_B 的一段波形……。这样，两种信号在荧光屏上虽然是交替显示的，但由于人眼的视觉暂留特性和荧光屏的余辉特性，就可在荧光屏上同时看到两个被测信号的波形。

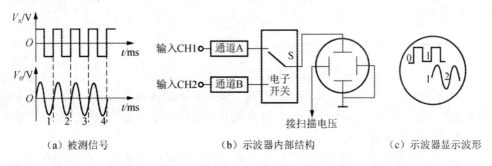

(a) 被测信号　　　　　(b) 示波器内部结构　　　　　(c) 示波器显示波形

图 1-2-22　双踪示波器基本原理的示意图

（3）双踪示波器的工作方式。

为了适应各种不同的测试需要，双踪示波器有 4 种不同的工作状态，即 CH1、CH2、双踪、相加。这 4 种工作状态由工作方式开关来控制。

① 当工作方式开关置于 CH1 或 CH2 位置时，电子开关仅接通 CH1 或 CH2。前置放大电路 CH1 或 CH2 可单独工作，此时，双踪示波器可作为普通单踪示波器使用。荧光屏只显示一个被测信号波形。

② 当工作方式开关置于双踪位置时，电子开关交替接通 CH1 或 CH2。荧光屏上同时显示出两种被测信号波形。

③ 当工作方式开关置于 CH1+CH2 位置时，电子开关处于不工作状态。此时，CH1、CH2 两通道同时工作，荧光屏显示出两信号相加或相减的波形。

二、使用数字示波器

（一）任务描述

现场提供 YB54060 型数字示波器 1 台，电视机中的电源变压器 1 个。在认识数字示波器的基础上，完成以下内容：

（1）用数字示波器观察电视机电源变压器的二次侧波形。

（2）画出观察得到的波形，并记下波形的各参数。

以二人为一组，把得到的结果填入表 1-2-9 中。完成这一任务大概需要 40min。

表 1-2-9　数字示波器结果记录

波形图									
参数	峰峰值	最大值	最小值	频率	顶值	均方根值	周期	正脉宽	负脉宽

（二）任务进程

1. 认识数字示波器

从概念上看，模拟示波器与储存示波器是同一类电子测量仪器，用来显示被测信号的波形。模拟示波器对信号的处理采用模拟的方式。而数字示波器对信号的处理采用数字化的方式，将待测信号进行取样、量化、存储，然后从存储器中取出存储的数字信号，将数字信号转换成模拟信号后在屏幕上进行显示。

数字示波器分为数字存储示波器、数字荧光示波器和采样示波器。YB54060 型数字示波器是一种便携式二通道数字存储示波器。

下面进行 YB54060 型数字示波器面板的简介，如图 1-2-23 所示。

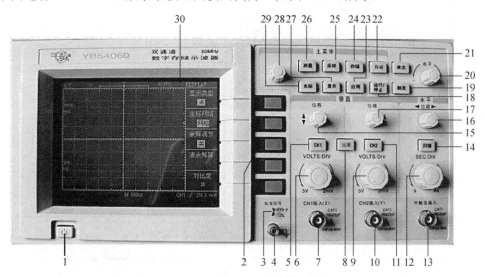

图 1-2-23　YB54060 型数字示波器

使用 YB54060 型数字示波器前要先对该示波器各控制旋钮的功能和菜单功能有所了解，现将各控制键的功能介绍如下。

（1）各控制键功能如表 1-2-10 所示。

表 1-2-10　各控制旋钮功能

编号	名称	图形	功能
1	电源开关		按下该键，电源接通；再次按下该键，电源关闭
2	菜单控制键		共有 5 个灰色的按键，位于显示屏右侧，按下相对应的键可以控制显示屏上的各个菜单选项
3	校准信号	标准信号 +5V_{P-P}	此处输出幅度为 0.5V、频率为 1kHz 的方波校准信号，以供示波器校准
4	示波器接地端子		示波器整机接大地点
5、11	CH1、CH2 功能键	CH1　CH2	按一次，选择 CH1、CH2 通道，再按一次关闭 CH1、CH2 通道

编号	名称	图形	功能
6、9	垂直衰减调节（VOLTS/DIV）		分别控制 CH1、CH2 通道的电压衰减系数，可以让波形适当地显示在垂直方向上。其挡位指示位于显示屏的左下角
7、10、13	CH1、CH2、外触发探头接口		示波器探头接口，接探头
8	运算功能键		数学运算功能键，按下进入运算菜单
15、17	垂直位移		控制基线在垂直方向上的位置
12	水平扫描时间调节		调节水平方向上每格所代表的时间，其挡位指示位于显示屏的正下方
14	扫描功能键		水平扫描功能键，按下进入扫描菜单
16	水平位移		调节波形在水平方向上的位置
19	触发功能键		按一次进入"边沿触发"功能菜单，再按一次进入"视频触发"功能菜单
20	触发电平调节		调节信号的触发电平，以实现信号的同步

编号	名称	图形	功能
21	单次功能键	单次	按下此键可产生一次触发，扫描停留在显示屏上
18	运行/停止键	运行/停止	按下此键可控制采样电路的运行和停止
22	自动功能键	白动	按下此键，可以自动设定仪器各项控制值，以产生适合观察输入的显示信号
23	应用功能键	应用	按下此键可以打开"应用"功能菜单第一页，再按一次可打开第二页
24	存储功能按键	存储	按下此键，进入"存储"功能菜单
25	采样功能键	采样	按下此键，进入"采样"功能菜单
26	测量功能键	测量	按下此键，进入"测量"功能菜单，共分为4页，按一次换一页，循环出现
27	显示功能键	显示	按下此键，进入"显示"功能菜单
29	光标功能键	光标	按下此键，进入光标类型设置菜单
28	公共旋钮		此旋钮用于菜单项目中的各项数字量化调节，如对比度的调节
30	显示屏		显示出信号的波形

（2）各菜单功能介绍。

① CH1、CH2功能菜单。按下"CH1"或"CH2"功能键，得到CH1、CH2功能菜单，具体介绍如表1-2-11所示。

表1-2-11 CH1、CH2功能菜单的具体介绍

名称	图形	功能	默认选项	可选项
输入耦合	输入耦合 直流	输入耦合方式选择	直流	交流、接地
带宽限制	带宽限制 BW=20M	输入信号带宽限制	20M	关
挡位调节	挡位调节 步进	控制VOLTS/DIV的改变方式	步进	微调
探极	探极 ×1	探头减系数的选取，保持垂直读数准确	×1	×10、×100、×1000

名称	图形	功能	默认选项	可选项
反相	反相 关	控制信号的反相与正常显示	关	开

②"扫描"功能菜单，按下"扫描"功能键得到"扫描"功能菜单，具体介绍如表 1-2-12 所示。

表 1-2-12　"扫描"功能菜单的具体介绍

名称	图形	功能	默认选项	可选项
扫描选择	扫描选择 A	选择扫描的类型	A（用于普通扫描）	AB（用于双时基扫描）
扫描参考	扫描参考 中	选择扫描的参考起点	中	左、右
扫描方式	扫描方式 自动	控制扫描的启动方式	自动（没有输入信号也有扫描基线）	触发（有触发信号才有扫描基线）
X-Y 扫描	X-Y扫描 关	控制 X-Y 扫描	关	开
释抑	释抑 关	释抑控制	关	开

③"触发"功能菜单。"触发"功能菜单分为"边沿触发"功能菜单和"视频触发"功能菜单。

按一次"触发"功能键得到"边沿触发"功能菜单，具体介绍如表 1-2-13 所示。再按一次"触发"功能键得到"视频触发"功能菜单，具体介绍如表 1-2-14 所示。

表 1-2-13　"边沿触发"功能菜单的具体介绍

名称	图形	功能	默认选项	可选项
触发源	触发源 CH1	选择触发信号的来源	CH1	CH2、EXT、LINE
触发耦合	触发耦合 DC	选择用于触发的信号成分	DC	AC
边沿类型	边沿类型 上升沿	选择触发信号的触发点	上升沿	下降沿
抑制选择	抑制选择 关	选择触发信号频率成分	关	高频抑制、低频抑制
电平锁定	电平锁定 关	保持波形的自动同步	关	开

表 1-2-14 "视频触发"功能菜单的具体介绍

名称	图形	功能	默认选项	可选项
触发源	触发源 CH2	选择触发信号的来源	CH1	CH2、EXT
触发耦合	触发耦合 DC	选择用于触发的信号成分	DC	—
同步	同步 行	选择同步信号的起点	行	场
高频抑制	高频抑制 关	抑制触发信号中的高频噪声	关	开
负极性	负极性	触发电平极性	—	—

④ "测量"功能菜单。按下"测量"功能键得"测量"功能菜单（共4页）。菜单介绍如下。

第一页："信源""峰峰值""最大值""最小值""平均值"。

第二页："信源""顶值""底值""均方根值""频率"。

第三页："信源""周期""上升""下降""正脉宽"。

第四页："信源""负脉宽""占空比""延迟 1-2 ╱""延迟 1-2 ╲"。

按下每种功能所对应的按键，可以进行相应的数据测量。以减少人眼的视觉读数误差。

⑤ "采样"功能菜单。按下"采样"功能键，得到"采样"功能菜单，具体介绍如表 1-2-15 所示。

表 1-2-15 "采样"功能菜单的具体介绍

名称	图形	功能	默认选项	可选项
采样方式	采样方式 实时	控制采样电路的工作方式	实时	等效
快速采集	快速采集 关	数据采集速度的控制	关（普通）	开（快速）
获取方式	获取方式 普通	对信号的取样点的选择	普通	峰峰值、平均值

⑥ "存储"功能菜单。按下"存储"功能键，得到"存储"功能菜单，具体介绍如表 1-2-16 所示。

表 1-2-16 "存储"功能菜单的具体介绍

名称	图形	功能	默认选项	可选项
存储类型	存储类型 设置存储	显示存储类型	设置存储	波形存储
存储位置	存储位置 1	设置波形存储位置	1	2, 3, 4, 5
出厂设置	出厂设置	恢复出厂设置	—	—
保存	保存	保存波形到指定位置	—	—
调出	调出	调出对应存储位置上的设置	—	—

⑦"光标"功能菜单。按下"光标"功能键,得到"光标"功能菜单,具体介绍如表 1-2-17
所示。

表 1-2-17 "光标"功能菜单的具体介绍

名称	图形	功能	默认选项	可选项
信源	信源 CH1	选择调整光标的信号通道	CH1	—
光标选择	光标选择 光标A	调整光标的种类	光标 A	光标 B、光标 A&B
光标类型	光标类型 关	调整光标的类型	关	电压、时间

⑧"显示"功能菜单。按下"显示"功能键,得到"显示"功能菜单,具体介绍如表 1-2-18
所示。

表 1-2-18 "显示"功能菜单的具体介绍

名称	图形	功能	默认选项	可选项
显示类型	显示类型 点	波形显示的类型	点(直接显示采样点)	矢量,平滑
坐标网格	坐标网格 网格	坐标类型选择	网格	网格、坐标
余辉调节	余辉调节 关	调节波形的余辉时间	关	1s、2s、5s、无限

名称	图形	功能	默认选项	可选项
清余辉屏	清余辉屏	按一次清除屏幕余辉	—	—
对比度	对比度 20	调节屏幕显示的对比度	20	调节公共旋钮法调节

⑨ "应用" 功能菜单。按下 "应用" 功能键，得到 "应用" 功能菜单，其共分 2 页，具体介绍如表 1-2-19 和表 1-2-20 所示。

表 1-2-19 　 "应用" 功能菜单的具体介绍（第一页）

名称	图形	功能	默认选项	可选项
自校正	自校正 关	校正示波器的各项参数	关	开
自测试	自测试 关	测试相关参数	关	屏幕测试、键盘测试
执行	执行	按下此键执行本页设置	—	—
语言选择	语言选择 简体中文	系统操作语言设置	简体中文	English

表 1-2-20 　 "应用" 功能菜单的具体介绍（第二页）

名称	图形	功能	默认选项	可选项
RS-232	RS-232 1200bps	设置数据传输速率	1200bps	2400bps、4800bps、9600bps、19200bps、57600bps、115200bps
打印机	打印机 关	设置打印机的状态	关	打印
执行	执行	按下此键执行本页设置	—	—
GPIB	GPIB 关	打开和关闭 GPIB 接口	关	开

⑩ "运算" 功能菜单。按下 "运算" 功能键，得到 "运算" 功能菜单，具体介绍如表 1-2-21

所示。

表 1-2-21 "运算"功能菜单的具体介绍

名称	图形	功能	默认选项	可选项
计算	计算 A+B	对两个信号波形的进行计算	A+B	A−B、A×B、A÷B
信源 A	信源A CH1	选择信号来源	CH1	CH2
信号 B	信源B CH1	选择信号来源	CH1	CH2
反相	反相 关	对波形的计算结果进行反相控制	关	开
FFT	FFT	快速傅里叶变速	—	—

在"运算"功能菜单中按下"FFT"功能键后,在屏幕的下方出现信号的频谱图,得到"FFT"功能菜单,具体介绍如表 1-2-22 所示。

表 1-2-22 "FFT"功能菜单的具体介绍

名称	图形	功能	默认选项	可选项
窗函数	窗函数 Hanning	显示 Hanning 窗函数波形	Hanning	—
FFT 信源	FFT信源 CH1	选择"快速傅里叶变速"信号源	CH1	CH2
垂直刻度	垂直刻度 60.00 mV	显示垂直刻度每格所代表的幅值	—	—
频率刻度	频率刻度 2.500 kHz	显示水平刻度每格所代表的频率值	—	—

2. 使用数字示波器

数字示波器的界面类似于模拟示波器,且有自动设置挡,使用更加方便。在用数字示波器观察波形和读取数据时要先学会识读屏幕上的参数指示。

1)屏幕上参数指示介绍

屏幕上参数指示介绍如图 1-2-24 所示。

2)测量电视机电源变压器二次侧波形

要观察电视机电源变压器二次侧的波形,并读出波形的各参数,应按以下步骤进行。

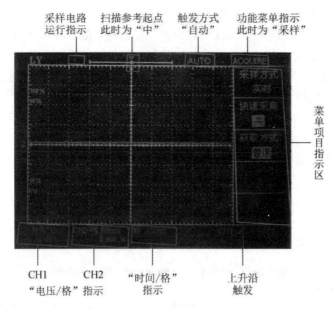

采样电路运行指示　扫描参考起点此时为"中"　触发方式"自动"　功能菜单指示此时为"采样"

采样方式
实时
快速采集
获取方式

菜单项目指示区

CH1　CH2
"电压/格"指示　"时间/格"指示　上升沿触发

图 1-2-24　屏幕上参数指示介绍

（1）按下"自动"功能键进行校准。

（2）将 CH1 通道的探头接电视机电源变压器的二次侧。

（3）按一次"CH1"功能键，选择 CH1 通道，在显示屏上波形为红色（CH2 为黄色），此时不用 CH2 通道，可以按一次"CH2"功能键关闭该通道，以获得良好的显示效果。

（4）为了在显示屏上获得完整的波形，应将探头衰减到×10；为了便于读数，将"CH1"功能菜单中的探头同样设为×10，并将"电压/格"指示设为 10V。

（5）扫描系数在开机后的默认值是最小值 250ns，为了使波形在水平方向上合理显示，应调节"时间/格"指示。

（6）将"触发"功能菜单中的"触发耦合"设为 AC，让波形同步。波形示意图如图 1-2-25 所示。

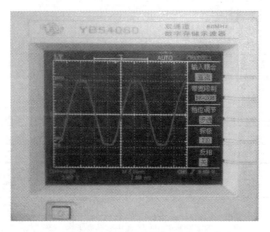

图 1-2-25　波形示意图

（7）利用电路的"测量"功能对信号的参数进行检测。

打开"测量"功能菜单的第一页，按下对应菜单操作键，得到波形参数：峰峰值为 48.30V，最大值为 24.10V，最小值为 23.20V。

打开"测量"功能菜单的第二页，按下对应菜单操作键，得到波形参数：顶值为 24.10V，底值为 23.20V，均方根值（即有效值）为 18.21V，频率为 50Hz。

打开"测量"功能菜单的第三页，按下对应菜单操作键，得到波形参数：周期为 20.00ms，正脉宽（即正半周时间）为 9.900ms。

打开"测量"功能菜单的第四页，按下对应菜单操作键，得到波形参数：负脉宽（即负半周时间）为 9.900ms。

（三）任务评价

根据表 1-2-23 中的要求对数字示波器的使用情况进行评价。

表 1-2-23　数字存储示波器的使用情况评价表

序号	项目	配分	评价要点	自评	互评	教师评价	平均分
1	校准	10	用示波器测量信号之前进行校准得 10 分				
2	选择通道	10	选择的通道与所接的探头一致得 10 分				
3	使用探头衰减	10	（1）合理使用探头衰减得 5 分。 （2）探头衰减和菜单中的探头设置一致得 5 分				
4	设置触发源	10	合理设置触发源得 10 分				
5	设置"电压/格"指示	10	合理设置"电压/格"指示得 10 分				
6	设置"时间/格"指示	10	合理设置"时间/格"指示得 10 分				
7	读波形参数	20	测量菜单一共四页，每读正确一页得 5 分				
8	使用规范	20	（1）开机前检查电源电压符合要求得 5 分。 （2）避免强烈振动和置于强磁场中得 5 分。 （3）注意输入信号的电压应在示波器规定的范围内得 5 分。 （4）测量前的校准工作可以按一次"自动"功能键完成得 5 分				
	材料、工具、仪表		（1）每损坏一处部件或旋钮扣 2 分。 （2）材料、工具、仪表没有放整齐扣 5 分				
	环境保护意识		每乱丢一项废品扣 2 分				
	安全文明操作		违反安全文明操作（视其情况进行扣分）				
	额定时间		每超过 5min 扣 2 分				
开始时间		结束时间		实际时间		成绩	
综合评议意见（教师）							
评议教师				日期			
自评学生				互评学生			

（四）知识探究

1. 数字示波器的特点

由于数字示波器的信号获取和重现均采用数字的方式，因此其具有以下特点：

（1）能够捕捉单次、瞬变的信号。因为其数据一旦被写入内部随机存储器（random access memory，RAM），只要不被刷新，就会被一直保存，所以可以随时调用观看。

（2）能够无闪烁地显示低频信号。因为其数据的写入可以很慢，但数据的读出以恒定的速度进行，所以能够无闪烁地显示低频信号。

（3）能够以多种方式触发。

（4）可以在同一屏幕上地显示多个信号，以便于比较。

（5）具有多种显示方式，如触发显示、滚动显示等。

（6）具有较高的测量精度，具有自动测量功能，可以减少读数的视觉误差。

（7）可以方便地与其他设备连接，如将信号送入计算机进行处理、将信号送到打印机进行打印等。

2. 数字示波器的基本组成

数字示波器由系统控制、取样存储、读出显示三大部分组成，它们之间通过数据、地址、控制总线进行相互联系和信息的交换，完成各种测量任务。其基本组成框图如图 1-2-26 所示。

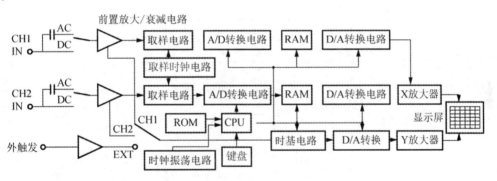

图 1-2-26　数字示波器的组成框图

1）系统控制部分

系统控制部分由键盘、只读存储器（read only memory，ROM）、中央处理器（central processing unit，CPU）、时钟振荡电路等组成。在 ROM 内有厂家写入的控制程序，在控制程序的管理下，该示波器对键盘输入的信号进行读取，以便完成操作者的各种测量要求。

2）取样存储部分

取样存储部分主要由前置放大/衰减电路、取样电路、A/D 转换器及取样时钟电路等组成。取样电路在取样时钟电路的控制下对输入的被测信号进行取样，经 A/D 转换器变成数字信号存储于 RAM 中。其工作过程如图 1-2-27 所示。

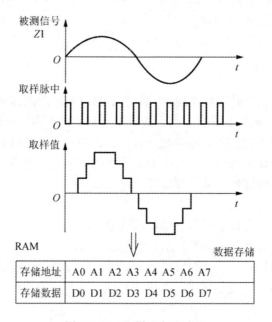

图 1-2-27　取样及存储过程

3）读出显示部分

读出显示部分由 D/A 转换器、Y 放大器、时基电路、X 放大器及显示屏组成。其工作过程如图 1-2-28 所示。

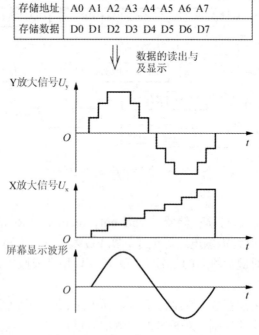

图 1-2-28　波形读出及显示过程

三、认识毫伏表

（一）任务描述

一般万用表的交流电压挡只能测量 1V 以上的交流电压，而且测量交流电压的频率一般不超过 1kHz。而在电子实验及仪器设备的检修和调试中，所要测量的电压信号的频率范围往往为从 0.00001Hz 到数千 MHz，幅度小到几微伏、大到几十万伏，采用普通万用表很难进行有效测量，必须借助于专用的电子电压表，即毫伏表进行测量。

本任务我们要了解毫伏表的分类、工作原理和技术指标。

（二）任务进程

1. 认识毫伏表的种类

目前，毫伏表种类较多，常见毫伏表的外形如图 1-2-29 所示。毫伏表按特性和功能不同可分为以下基本类型：

（1）按采用的电路元件不同，毫伏表可分为电子管毫伏表、晶体管毫伏表、集成电路毫伏表。

（2）按测量电压频率高低不同，毫伏表可分为音频毫伏表（20Hz～1MHz）、视频毫伏表（30Hz～10MHz）、高频毫伏表（20Hz～400MHz）、超高频毫伏表（50kHz～1000MHz）。

（3）按通路多少，毫伏表可分为单路毫伏表和双通道毫伏表。

（4）按显示方式，毫伏表可分为指针式毫伏表和数字式毫伏表。

（5）按测量电压的不同，毫伏表可分为直流毫伏表和交流毫伏表。

（a）指针式直流毫伏表

（b）数显双通道交流毫伏表

（c）高频毫伏表

（d）双通道低频毫伏表

图 1-2-29　常见毫伏表的外形

（e）DA-16 单路毫伏表   （f）电子管毫伏表

图 1-2-29   常见毫伏表的外形（续）

2. 毫伏表的基本结构及特点

下面以交流毫伏表为例，介绍毫伏表的结构及特点。交流毫伏表根据电路组成方式的不同可分为以下 3 种：

（1）放大-检波式交流毫伏表。其组成框图如图 1-2-30 所示。

图 1-2-30   放大-检波式交流毫伏表的组成框图

特点：信号首先被放大，在检波时，避免了小信号检波时非线性的影响。工作的频率范围要受放大器通频带限制。

这种毫伏表常用作测量低频率电压，工作的上限频率为 MHz 级。

（2）检波-放大式交流毫伏表。其组成框图如图 1-2-31 所示。

图 1-2-31   检波-放大式交流毫伏表的组成框图

特点：被测信号先检波再进行直流放大。其测量频率范围可不受毫伏表内部放大电路频率响应的限制，工作频率上限可达 GHz 级。其灵敏度由于谐波失真等原因受到限制，最小量程为 mV 级。

（3）外差式交流毫伏表。其组成框图如图 1-2-32 所示。

图 1-2-32   外差式交流毫伏表的组成框图

特点：外差式交流毫伏表首先将输入的被测信号变换为固定的中频信号，再进行选频放大、检波。由于中频放大器的通带可以做得很窄，从而有可能在高增益的条件下，大大削弱内部噪声的影响。外差式毫伏表既有较高的上限工作频率，又有很高的灵敏度，其上限频率可达几百 MHz，最小量程达μV 级。

3. 毫伏表的工作原理

毫伏表的种类和型号较多，但其工作原理大致相同。下面以数字式毫伏表为例进行介绍。其工作原理：输入信号经过输入通道进入放大器，经过放大后，由 AC/DC 转换电路转换为与交流电压有效值相等的直流电压。该直流电压首先经过 V/F 转换电路输出相应的频率，然后计数器在秒脉冲发生器的控制下进行计数测量，最后显示出读数，从而完成电压的测量，如图 1-2-33 所示。

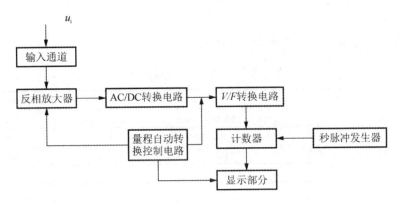

图 1-2-33　数字式毫伏表的工作原理

4. 毫伏表的主要技术指标

以 SM1030 型数字式交流毫伏表为例，说明毫伏表的主要技术指标。

（1）测量范围。

交流电压：70μV～300V。

dBV：−80dBm～50dBV（0dBV=1V）。

dBm：−77dBm～52dBm（0dBm=1mW，600Ω）。

（2）量程：3mV、30mV、300mV、3V、30V、300V。

（3）频率范围：5Hz～2MHz。

（4）电压测量误差（20℃），如表 1-2-24 所示。

表 1-2-24　电压测量误差

频率范围	电压测量误差
50Hz～100kHz	±(1.5%读数+8 个字)
20Hz～500kHz	±(2.5%读数+10 个字)
5Hz～2MHz	±(4.0%读数+20 个字)

（5）电压分辨率如表 1-2-25 所示。

表 1-2-25　电压分辨率

量程	满度值	电压分辨率
3mV	3.000mV	0.001mV
30mV	30.00mV	0.01mV
300mV	300.0mV	0.1mV
3V	3.000V	0.001V
30V	30.00V	0.01V
300V	300.0V	0.1V

（6）噪声：输入短路时为 0 个字。

（7）输入电阻：10MΩ。

（8）输入电容：30pF。

（9）最大不损坏输入电压如表 1-2-26 所示。

表 1-2-26　最大不损坏输入电压

量程	频率	最大输入电压 V/ms^{-1}
3V～300V	5Hz～2MHz	450
3mV～300mV	5Hz～1kHz	450
	1kHz～10kHz	45
	10kHz～2MHz	10

（10）SM1030 型数字式交流毫伏表两输入端的隔离度（被干扰端端接 50Ω 电阻）如表 1-2-27 所示。

表 1-2-27　SM1030 型数字式交流毫伏表两输入端的隔离度

频率	≤100kHz	≤500kHz	≤1MHz	≤2MHz
隔离度	−90dB	−75dB	−70dB	−65dB

（11）预热时间：30min。

（12）供电电源：频率为 50×(1±5%)Hz，电压为 220×(1±10%)V，容量为≥10VA。

（13）功耗：<10VA。

（14）环境条件：温度为 0～40℃，相对湿度为 20%～90%（40℃），大气压力为 86～106kPa。

（15）外形尺寸：254mm×103mm×374mm（宽×高×深）。

（16）质量：3kg。

做 一 做

1. 毫伏表是一种用来测量正弦电压的_____毫伏表具有测量_____、_____和_____三大功能。

2. 按照测量电压频率高低不同，毫伏表可分为_____、_____、_____和_____。

　　3. 按显示方式，毫伏表可分为_____和_____。

　　4. 交流毫伏表可分为_____、_____和_____3种。

　　5. 毫伏表的主要技术指标有_____。

四、使用毫伏表

　　毫伏表的种类、型号较多，但使用方法大同小异。下面以 TVT-321 型单通道交流毫伏表和 SM1030 型数字式交流毫伏表为例，介绍毫伏表的使用方法。通过本任务，我们将在认识毫伏表的的基础上，掌握毫伏表的使用方法，并能用毫伏表进行测量。

（一）任务描述

　　现场提供 TVT-321 型单通道交流毫伏表 1 台，SM1030 型数字式交流毫伏表 1 台，电视机电路板 1 套，电视信号发生器 1 台。二人一组，在教师指导下完成如下工作：

　　（1）使实训台交流输出 220V 电压。

　　（2）将 2 号、3 号、4 号单元电路板连接好，构成完整的 UPC 电视机。

　　（3）打开电视信号发生器。

　　（4）用射频线将电视信号发生器输出的信号与高频头连接。

　　（5）将毫伏表信号线接地端（黑）接在电视机电路板地线上，信号端（红）分别接混频输出端、预中放输出端、预视放输出端、伴音功率放大器输出端。检测出各测试点的交流信号电压值，并将数据记录在表 1-2-28 中。

表 1-2-28　数据记录表

表类型	混频输出端	预中放输出端	预视放输出端	伴音功率放大器输出端
用 TVT-321 型单通道交流毫伏表测量电压值				
用 SM1030 型数字式交流毫伏表测量电压值				

（二）任务进程

　　毫伏表的配件及外形如图 1-2-34 所示。

（a）检测笔（探头）　　　　（b）SM1030 型数字式毫伏表　　　　（c）TVT-321 型单通道交流毫伏表

图 1-2-34　毫伏表的配件及外形

1. 两种毫伏表的比较

在使用毫伏表前应首先了解其性能指标，以便准确地测定相关数据。下面对本次用到的 TVT-321 型单通道交流毫伏表和 SM1030 型数字式交流毫伏表的主要性能指标进行比较，如表 1-2-29 所示。

表 1-2-29　两种毫伏表的比较

项目	TVT-321 型单通道交流毫伏表	SM1030 型数字式交流毫伏表
交流电压测量范围	300μV～100V	70μV～300V
频率响应误差	20Hz～200kHz：≤3% 10Hz～1MHz：≤10%	50Hz～100kHz:±(1.5%读数+8 个字); 20Hz～500kHz:±(2.5%读数+10 个字); 5Hz～2MHz：±(4.0%读数+20 个字)
电压频率测量范围	10Hz～1MHz	5Hz～2MHz
固有误差	≤3%	—
消耗功率	3W	<10VA
输入电阻	1MΩ×(1±5%)	10MΩ
输入电容	≤0.5pF	30pF

2. TVT-321 型单通道交流毫伏表的面板结构及测量步骤

（1）在使用毫伏表之前首先要熟悉其面板结构和各部分功能，图 1-2-35 是 TVT-321 型单通道交流毫伏表的面板结构。各部分的功能如表 1-2-30 所示。

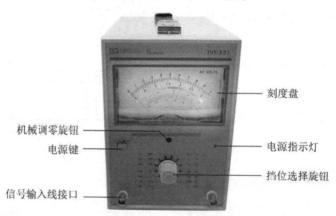

图 1-2-34　TVT-321 型单通道交流毫伏表的面板结构

表 1-2-30　TVT-321 型单通道交流毫伏表面板的作用

名称	功能	名称	功能
电源键	按下时接通电源	挡位选择旋钮	选择适当挡位，以确保测量数据的精确。毫伏表共有 11 个挡位，分别为 1mV、3mV、10mV、30mV、0.1V、0.3V、1V、3V、10V、30V、300V
电源指示灯	指示灯亮显示电源接通		

名称	功能	名称	功能
信号输入线接口	连接信号输入线	刻度盘	指针：指示读数。 刻度线：从上至下第一、二条刻度线用于表示所测定的交流电压值；第三条刻度线用来表示测量电平的分贝（dB）值
机械调零旋钮	使指针在左端零刻度位置		

（2）测量步骤。

在测量交流电压时，应根据被测信号的频率、电压值大小等，应选用不同型号的毫伏表，以达到准确测量的目的。指针式毫伏表，虽说品种型号繁多，但其测量步骤基本相同。TVT-321型单通道交流毫伏表的操作步骤如表 1-2-31 所示。

表 1-2-31　TVT-321 型单通道交流毫伏表的操作步骤

基本操作步骤	图示	操作要求
第一步：机械调零		保证指针指示零刻度线
第二步：按下电源键，电源指示灯亮		打开电源前，应将挡位选择旋钮置于最大量程
第三步：校正调零		将信号输入线的信号端和接地端短接，使指针指到零位
第四步：调节挡位选择旋钮		选择适当的挡位

续表

基本操作步骤	图示	操作要求
第五步：将信号输入线的信号端接到电路的被测点，信号输入线的接地端接到电路的地线	接被测信号点 接地端	先接接地线，再接探头
第六步：读数	VOLTS DECIBELS 0dBm=1mW600Ω CLASS 1.5	标有 0~1 数值的第一条刻线适用于 1、10、100 挡； 标有 0~3 数值的第二条刻度线，适用于 3、30、300 挡

友情提示

（1）满度时等于所选量程挡位的值。例如，所选量程挡位为 30mV，满度时所测试电压值为 30mV。

（2）第三条刻度线用来测量电平分贝（dB）值。所测量值以指针读数与挡位值的代数和来表示，即测量值=挡位值+指针读数。例如，挡位选 10dB，测量时指针在-4dB 位置，则测量值=10dB+(-4dB)=6dB。

3. SM1030 型数字式交流毫伏表的面板结构及测量步骤

（1）SM1030 型数字式交流毫伏表前面板结构如图 1-2-36 所示。

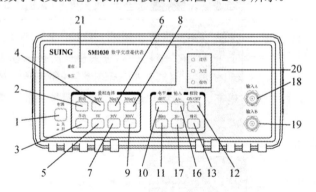

图 1-2-36　SM1030 型数字式交流毫伏表前面板结构

SM1030 型数字式交流毫伏表按键的功能如表 1-2-32 所示。

表 1-2-32 SM1030 型数字交流毫伏表按键的功能

序号	名称	图标	功能
1	电源键		开机时显示厂标和型号后,进入初始状态:输入 A,手动改变量程,量程 300V,显示电压和 dBV 值
2	自动键		切换到自动选择量程。在自动位置,输入信号小于当前量程的 1/10,自动减小量程;输入信号大于当前量程的 4/3 倍,自动加大量程
3	手动键		无论当前状态如何,按下手动键都将切换到手动选择量程,并恢复初始状态。在手动位置,应根据"过压"和"欠压"指示灯的提示,改变量程:"过压"指示灯亮,增大量程;"欠压"指示灯亮,减小量程
4			
5		量程选择	
6	3mV～300V 键	3mV 30mV 300mV	量程选择键,用于手动选择量程
7		3V 30V 300V	
8			
9			
10	dBV 键		切换到显示 dBV 值
11	dBm 键		切换到显示 dBm 值
12	ON/OFF 键		进入程控,退出程控
13	确认键		确认地址
16	A/+键		切换到输入 A,显示屏和指示灯都显示输入 A 的信息。量程选择键和电平选择键对输入 A 起作用。设定程控地址时,起地址加作用
17	B/-键		切换到输入 B,显示屏和指示灯都显示输入 B 的信息。量程选择键和电平选择键对输入 B 起作用。设定程控地址时,起地址减作用

续表

序号	名称	图标	功能
18	输入 A	输入A	A 输入端
19	输入 B	输入B	B 输入端
20	指示灯	过压 欠压 自动	自动：用自动键切换到自动选择量程时，该指示灯亮。 过压：输入电压超过当前量程的 4/3 倍，该指示灯亮。 欠压：输入电压小于当前量程的 1/10，该指示灯亮
21	液晶显示屏	SM1030 双输入数字交流毫伏表 量程 B:3U 3.4dBU 电压 1.481V	开机时显示厂标和型号。 工作时显示工作状态和测量结果

（2）SM1030 型数字式交流毫伏表后面板结构如图 1-2-37 所示。其中，220V/50Hz 0.5A 插座为带熔丝和备用熔丝的电源插座。RS-232 插座为程控接口。

后面板

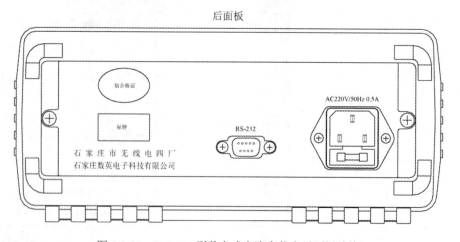

图 1-2-37　SM1030 型数字式交流毫伏表后面板结构

（3）测量步骤。

数字式毫伏表具有精确度高、性能稳定、显示清晰直观、使用方便等特点，可广泛应用于学校、工厂、部队、实验室、科研单位。尽管数字式毫伏表的型号各异，规格不一，但测量步骤基本相同。SM1030 型数字式交流毫伏表的测量步骤如图 1-2-38 所示。

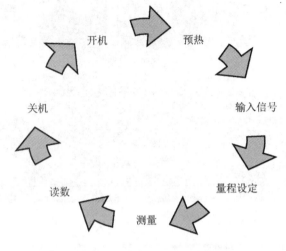

图 1-2-38　测量步骤示意图

① 开机：按下电源键，电源接通。仪器进入初始状态。

② 预热：30min。

③ 输入信号：SM1030 型数字式交流毫伏表有两个输入端，由输入 A 或输入 B 输入被测信号，也可由输入端 A 和输入端 B 同时输入两个被测信号。两个输入端的量程选择方法、量程大小和电平单位可以分别设置，互不影响；但两个输入端的工作状态和测量结果不能同时显示，可用输入选择键（"A/+" 键、"B/−" 键）切换到需要设置和显示的输入端。

④ 量程设定：可从初始状态（手动，量程 300V）输入被测信号，再根据 "过压" 和 "欠压" 指示灯的提示手动改变量程。

可以选择自动量程。在自动状态，仪器可根据信号的大小自动选择合适的量程。若过压指示灯亮，显示屏显示 "****　V"，说明信号已到 400V，超出了本仪器的测量范围。若 "欠压" 指示灯亮，显示屏显示 "0"，说明信号太小，也超出了本仪器的测量范围。

⑤ 关机后再开机，间隔时间应大于 10s。

4. 测量电视信号发生器的输出信号电压

（1）调节好实训台，输出交流 220V 电压，并接通毫伏表，开启电源，预热。

（2）将 2 号、3 号、4 号单元电路板连接好，构成完整的 UPC 电视机，如图 1-2-39 所示。

（3）打开电视信号发生器，测量电视信号电压，如图 1-2-40 所示。在使用 TVT-321 型单通道交流毫伏表时，将挡位选择旋钮旋到 300V 挡位，先用接地夹子夹住闭路线的屏蔽层线，再将检测笔（探头）接到被测物（闭路线）的信号线上，调节挡位选择旋钮，使指针偏转 2/3 左右的位置，再以对应挡位乘倍率读数。在使用 SM1030 型数字式交流毫伏表测量时，先选择输入端口，再确定选择手动方式还是自动方式。若以手动方式进行量程选择，应根据 "过压" 和 "欠压" 指示灯的提示，改变量程。实际测量结果如图 1-2-41 和图 1-2-42 所示。

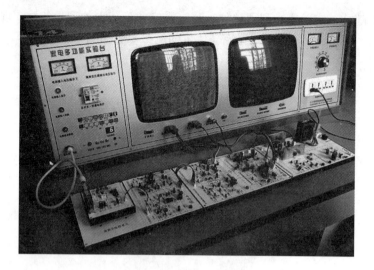

图 1-2-39　UPC 电视实训机组合图

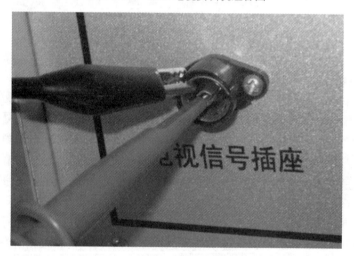

图 1-2-40　电视信号电压测量图

图 1-2-41　TVT-321 型单通道交流毫伏表检测结果

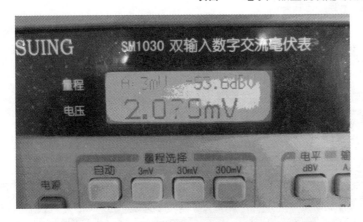

图 1-2-42　SM1030 型数字式毫伏表检测结果

5．测量电视机混频输出端、预中放输出端、预视放输出端、伴音功率放大器输出端电压

（1）用射频线将电视信号发生器输出的信号与高频头连接。

（2）将毫伏表表笔地端（黑）接在电视机电路板地线上，信号端（红）分别接电视机混频输出端、预中放输出端、预视放输出端、伴音功率放大器输出端，检测出各测试点的交流信号电压值，如图 1-2-43 所示。

（a）高频头混频输出端电压测量

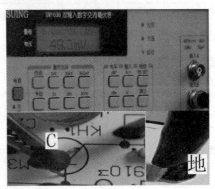

（b）高频头预中放输出端电压测量图

图 1-2-43　电压测量图

（c）预视放输出电压测量

（d）伴音输出端电压测量

图 1-2-43　电压测量图（续）

任务评价

根据表 1-2-33 中的要求对毫伏表的使用情况进行评价。

表 1-2-33　任务评价表

序号	项目	配分	评价要点	自评	互评	教师评价	平均分
1	测量电视信号发生器的输出电压	25	（1）操作过程 20 分。 （2）结果 5 分				
2	检测预中放、预视放、伴音输出电压	75	（1）操作过程 50 分。 （2）结果 25 分				
	材料、工具、仪表		（1）每损坏或丢失一件扣 2 分。 （2）材料、工具、仪表没有放整齐扣 5 分				
	环境保护意识		每乱丢一项废品扣 2 分				
	节能意识		用完扫频仪未断电扣 10 分				
	安全文明操作		违反安全文明操作（视其情况进行扣分）				
	额定时间		每超过 10min 扣 5 分				
开始时间		结束时间		实际时间		成绩	
综合评议意见（教师）							
评议教师				日期			
自评学生				互评学生			

RS-232 接口及应用

1. 接口性能

接口符合 EIA 232 标准的规定。

（1）接口电平：逻辑 0 为+5V～+15V，逻辑"1"为-15V～-5V。

（2）传输格式：传输信息的每一帧数据由 11 位组成，1 个起始位（逻辑 0），8 个数据位（ASCII 码），1 个标志位（地址字节为逻辑 1，数据字节为逻辑 0），1 个停止位（逻辑 1）（串口模式 3 的操作方式）。

（3）传输速率：2400 bit/s。

（4）接口连接：采用 9 线标准连接器及三芯屏蔽电缆。

（5）系统组成：最多 20 台仪器，仪器之间连接电缆的总长度不能超过 100m。

（6）适用范围：适用于一般电气干扰不太严重的实验室或生产环境。

2. 进入程控

开机后仪器工作在本地操作状态，按"ON/OFF"键，显示 RS-232，在屏幕左上角出现出厂时设定的地址 19，用"+"和"－"键或"A/+"和"B/－"键在 0～19 间设定所需的地址。按下"确认"键，结束地址设定，等待串口输入命令。仪器进入程控操作状态，除"ON/OFF"键，其他键不起作用，仪器只能根据控制者发出的程控命令进行工作。需要返回本地时，按"ON/OFF"键。

3. 地址信息

仪器进入程控状态以后，开始接收控制者发出的信息，根据标志位判断是地址信息还是数据信息。如果收到的是地址信息，判断是不是本机地址，如果不是本机地址，则不接收此后的任何数据信息，继续等待控制者发来的地址信息。如果判断为本机地址，则开始接收此后的数据信息，直到控制者发来下一个地址信息，再重新进行判断。

4. 接口参数

接口参数如表 1-2-34 所示。

表 1-2-34 接口参数

传输速率（bit/s）	字长	校验	停止位
2400	8	无校验	1

5. 程控命令

本机的程控命令编码分别按照各自的功能设置：如自动设置成 auto，电平单位 dBV 设置成 dbv，命令码 read 是使仪器的数据返回计算机，如表 1-2-35 所示。

注意：命令码一律用小写。

表 1-2-35 SM1030 接口命令码（ASCII 码方式传送）

命令码	auto	opte	3mv	30mv	300mv	3v	30v
含义	自动	手动	量程	量程	量程	量程	量程
命令码	300v	a1	b1	dbv	dbm	read	
含义	量程	A 输入	B 输入	电平单位	电平单位	读取显示值	

说明：

① 输入命令码 opte 后屏幕清空，这与本控操作有所不同。

② 如果输入命令码错误，则显示"发送错误，重新发送"。

③ 编写应用程序时，每个命令码尾都必须加结束符 chr(10)。

电子产品整机生产工艺文件的识读

 项目概况

生产工艺文件是"电子产品装配与制作"课程中必不可少的部分。学生应能够识读和编写此文件。本项目将从电子产品整机生产工艺文件的种类和内容、编写方面进行分析探讨。

项目导入

对于现在的工厂和企业来说，电子产品整机生产工艺文件是必须具备的。同学们试想一下，我们要完成电子产品整机生产工艺文件的识读与编写这项任务，应该具备什么素质和条件？

任务一　电子产品整机生产工艺文件种类和内容的认识

 任务目标

『**教学知识目标**』

1. 理解电子产品整机生产工艺文件的种类及作用。
2. 理解并掌握电子产品整机生产工艺文件的识读方法。

『**岗位技能目标**』

1. 能够知道各类电子产品整机生产工艺文件的名称和作用。
2. 能根据电子产品整机生产工艺卡进行电子整机产品的识别。
3. 了解电子产品整机生产工艺文件的型号。

『**职业素养目标**』

1. 经过专业的理论学习和实训操作，提高对电子产品整机生产操作的认识。
2. 通过学习电子产品整机生产工艺文件，培养学生高尚的情操。

据学校实训室建设和课堂实训教学的实际，你作为本次任务实施者，现需对电子产品整机生产工艺文件的相关知识有所认识。

一、认识电子产品整机生产工艺文件的种类

电子产品整机生产工艺文件根据电子产品整机生产的特点设计，结合企业的实际生产编写。工艺文件是企业进行计划管理、材料供应、生产准备和调度、生产工具管理、劳动力分配的重要依据。电子产品整机生产工艺文件一般可以分为工艺规程文件和工艺管理文件两大类。

（1）工艺规程文件：规定产品加工过程和操作方法的一种技术性文件，它一般包括生产工艺流程、工艺的技术指标、零件加工工艺、元件装配工艺、导线加工工艺等。

（2）工艺管理文件：企业在组织生产和生产技术过程中所需要准备的工作文件，规定了电子整机产品的生产条件、工艺路线、工艺流程、工具设备等很多相关的要求。

电子产品整机生产工艺文件按文件性质分类可以分为指导技术性工艺文件、基本性工艺文件、统计资料性文件和管理工艺性文件。

（1）指导技术性工艺文件：保证产品生产质量和指导企业产品生产技术的文件。

（2）基本性工艺文件：供企业进行生产而准备的基本性文件。

（3）统计资料性文件：管理生产部门规划生产、资料统计及相关的数据记录的依据。

（4）管理工艺性文件：指明工艺文件所用格式及相关内容的文件。

电子产品整机生产工艺文件按实用性分类可以分为典型工艺文件、通用工艺文件和专用工艺文件。

（1）典型工艺文件：在通用的技术工艺基础上所总结出来的，具有很大的通用性，不受具体条件限制的文件。

（2）通用工艺文件：适应于很多种产品工艺管理的文件。

（3）专用工艺文件：只适应于某单一产品的工艺管理，其他产品不适用的文件。

电子产品整机生产工艺文件按用途分类可以分为工艺规程的目录及封面、多种作业指导书、多种汇总的图表资料。

工艺文件的作用有指导产品技术、保证产品质量及安全、组织合理生产、保证物资的供应、组织劳动力、经济的核算、记录工厂生产的数据资料等。

二、认识电子产品整机生产工艺文件的内容

电子产品整机的生产过程中，一般有电子产品准备环节、生产流水线的相关要求、调试整机电子产品、检验电子整机产品等多个严格的操作过程。电子产品整机生产工艺文件应根

据整机电子产品生产的具体操作过程进行详细编写。工艺文件的内容要在保证产品质量、安全、环保、性价比的条件下有利于稳定生产，以最高性价比和最合理的工艺方法加工生产电子产品。

1. 准备环节工艺文件的编写

电子产品整机生产准备工艺文件的编制内容一般有电子元器件质量的筛选，电子产品元器件引脚的处理，电子产品线圈、变压器的具体绕制方法及过程，导线的具体加工过程，线把的具体捆扎过程，地线成形的具体过程，电缆线的制作环节等。

2. 流水线工艺文件的编写

流水线工艺文件要保证工序顺序合理，确定每个工序的工作时间，要根据所需要确定流水线上的工序数目，安装与焊接工序要分开进行操作。

3. 调试检验工序工艺文件的编写

调试和检验工序工艺文件要标注所用仪器仪表的连接方式、等级标准及种类，并标注所测试各项技术指标的数据与测试方法及条件，说明检验的方法和所检验的具体项目。

任务实施

活动设计：电子产品整机生产工艺文件的识读

（1）活动形式：以小组为单位，分组进行。
（2）活动时间：40min。
（3）活动目的：加深对电子产品整机生产工艺文件的实训巩固，提升小组的团队协调能力和动手能力。
（4）活动准备：准备各种不同类型的工艺文件。
（5）活动实施：说明工件文件的类型，以及该类型工艺文件的内容与编写注意事项。

任务考评

任务评价表如表 2-1-1 所示。

表 2-1-1　任务评价表

序号	项目	配分	评价要点	自评	互评	教师评价	平均分
1	正确说出工艺文件的类型	20	文件类型表述错误不得分				

续表

序号	项目	配分	评价要点	自评	互评	教师评价	平均分
2	准备环节工艺文件的识读	20	每错一处扣 5 分				
3	流水线工艺文件的识读	20	每错一处扣 5 分				
4	调试检验工序工艺文件的识读	20	每错一处扣 5 分				
5	用时在规定范围内	20	超过 40min 不得分				

任务二 电子产品整机工艺文件的编写

『**教学知识目标**』

1. 掌握各类电子产品整机工艺文件的格式要求。
2. 掌握电子产品整机生产工艺文件的编写方法。

『**岗位技能目标**』

1. 能够知道各类电子产品整机生产工艺文件的格式。
2. 能根据电子产品整机生产工艺卡进行电子整机产品的识别。

『**职业素养目标**』

1. 经过专业的理论学习和实训操作，提高对电子产品整机生产操作的认识。
2. 通过学习电子产品整机生产工艺文件，培养学生高尚的情操。

据学校实训室建设和课堂实训教学的实际，你作为本次任务实施者，现需对电子产品整机生产工艺文件的相关知识有所认识。

工艺文件一般包括专业工艺规程、具体工艺说明及简图、产品检验说明，这类文件一般有专用格式，包括工艺文件目录、工艺文件更改通知单、工艺文件封面、工艺文件明细表等。

一、工艺文件的认识

1. 工艺文件的格式

电子产品整机生产工艺文件的格式基本按照电子行业通用标准执行，应根据具体电子整机产品的设计文件、图纸及生产复杂程度，结合工厂实际的工艺设备、工艺流程，工人的技术水平综合制定，按照规范进行编写，并配齐成套，装订成册。

2. 工艺文件的格式要求

（1）工艺文件要有技术的先进性和经济的合理性，结合工厂实际情况，具有较强的实用性。

（2）工艺文件要有规范的格式和幅面，图幅大小应符合有关标准，并保证工艺文件的成套性。

（3）所用电子产品的名称、编号、图号、符号、材料和元器件型号等应与设计文件保持一致。

（4）安装图在工艺文件中可以按照工序全部绘制，也可以只按照各工序安装件的顺序，参照设计文件安装。

（5）焊接工序时应画出接线图，每个电子元器件的焊接点方向和位置应画出示意图。

（6）产品的表述形式应具有较强的灵活性和通用性。

（7）工序安装图基本轮廓相似、安装层次表示清楚，不必全按实样绘制。

（8）采用 1:1 图样，便于准确捆扎和排线。

（9）编制成的工艺文件要执行审核、批准等相关手续。

（10）工艺文件中的字体要正规，图形要正确并且规范，书写应清楚。

（11）在设备更新和进行技术革新时，应及时修订工艺文件。

（12）要一丝不苟，严肃认真，尽量要求工艺文件内容正确、完整，条理清晰，简明扼要，应用文字合适、规范。

（13）以质量第一为核心指导思想，对关键部位及薄弱环节做详细说明。

（14）提高工艺规程的通用性。

（15）在装配接线图中连接线的接点要明确，接线部位要清楚。

3. 工艺文件的封面

工艺文件的封面如图 2-2-1 所示。

4. 工艺文件的目录

工艺文件的目录如表 2-2-1 所示。

工艺文件

第　　册
共　　页
共　　册

产品名称：_____
产品型号：_____
产品图号：_____

批准：_____
___年___月___日
单位名称：_____

图 2-2-1　工艺文件的封面

表 2-2-1　工艺文件的目录

工艺文件目录			产品名称		产品图号
			×××		
序号	产品代号	元件图号	部件图号	页数	备注
1	G1		工艺文件封面	1	
2	G2		工艺文件目录	2	
3	G3		工艺说明表、简图	3	
旧底图总号	更改标记	数量	文件代号	签名	日期	第　页
底图总号						共　页

5. 元器件工艺表

元器件工艺表如表 2-2-2 所示。

表 2-2-2　元器件工艺表

工艺说明		工艺文件名称		产品型号	
				×××	
		插件工艺		产品名称	
				×××	

一、插件的准备工作

二、工具

三、插件工艺的要求

旧底图总号	更改标记	数量	更改单号	签名	签名	日期	第　页
							共　页
底图总号							第　册
							第　页

6. 导线与扎线加工表

导线与扎线加工表如表 2-2-3 所示。

表 2-2-3　导线与扎线加工表

导线及线扎表			产品型号				产品图号	
			×××				×××	
编号	规格、名称	颜色	数量	长度（mm）		焊接处		备注
1-1	LGJ-35 导线	棕色	2					
1-2	LGJ-35 导线	黑色	2					
旧底图总号	更改标记	数量	更改单号		签名		日期	第　页
底图总号								

7. 工艺流程图及说明

工艺流程图是企业进行大批量产品生产的操作流程图，每一个工序按照流程的步骤和要求来完成，是企业组织生产的依据，如图 2-2-2 所示。

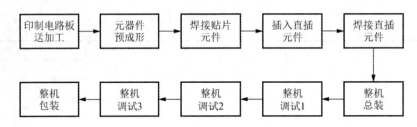

图 2-2-2　工艺流程图

8. 工艺过程表

工艺过程表如表 2-2-4 所示。

表 2-2-4　工艺过程表

工艺过程表		产品名称	生产数量
		×××	×××（台）
序号	工位序号	内　容	工艺文件页码
1	补焊 1	处理焊点	第　页
2	插件 1	插入元器件 4 个	第　页
3	插件检查	检查插件的质量	第　页

旧底图总号	更改标记	数量	更改单号	签名	日期	第　页
						共　页
底图总号						第　册
						第　页

工艺过程表反映了工厂在进行电子产品生产的过程中，各道生产工序的具体名称和任务，清晰地表现了工作的任务。

9. 装配工艺表

装配工艺表如表 2-2-5 所示。

表 2-2-5　装配工艺表

装配工艺表		工序名称		产品型号
				×××
		插件		产品名称
				×××
序号	元器件型号	数量	工艺要求	工装名称
VT_1	晶体管 S9018			
C_3	电容器 32V，0.38μF			
R_4	电阻器 1W，2000Ω			

装配工艺表		工序名称		产品型号	
				×××	
		插件		产品名称	
				×××	

旧底图总号	更改标记	数量	更改单号	签名	日期	第　页	
						共　页	
底图总号						第　册	
						第　页	

　　装配工艺表反映了该道工序的具体任务，供操作人员在机械装配和电气装配时使用，是电子产品整机装配过程中非常重要的文件，应详细填写元器件的材料名称、型号、数量等参数。

　　工艺汇总表包括仪器仪表明细表、公示消耗表、配套明细表、工位器具明细表、耗材明细表等。

二、实际电子产品整机生产工艺文件的编写

电子产品整机生产工艺文件的编写以下几个部分：

（1）工艺文件封面的编写。

（2）工艺文件目录的编写。

（3）元件明细工艺表的编写。

（4）导线及线扎加工表的编写。

（5）工艺说明及简图工艺文件的编写。

活动设计：电子产品整机生产工艺文件的编制

（1）活动形式：以小组为单位，分组进行。

（2）活动时间：40min。

（3）活动目的：加深对电子产品整机生产工艺文件的实训巩固，提升小组的团队协调能力和动手能力。

（4）活动准备：要进行工艺文件编制的电子产品。

（5）活动实施：针对电子产品编制其整机生产工艺文件。

任务评价表如表 2-2-6 所示。

表 2-2-6　任务评价表

序号	项目	配分	评价要点	自评	互评	教师评价	平均分
1	工艺文件封面的编写	10	每错一处扣 2 分				
2	工艺文件目录的编写	20	每错一处扣 5 分				
3	元件明细工艺表的编写	20	每错一处扣 5 分				
4	导线及线扎加工表的编写	20	每错一处扣 5 分				
5	工艺说明及简图工艺文件的编写	20	每错一处扣 5 分				
6	用时在规定范围内	10	超过 40min 不得分				

电子元器件识别与检测

 项目概况

随着电子技术及其应用领域的迅速发展，元器件种类日益增多，学习和掌握常用元器件的性能、用途、质量判别方法，对提高电气设备的装配质量及可靠性起重要的保证作用。电阻器、电容器、电感器、二极管、晶体管、集成电路等是电子电路常用的元器件。本项目将从常用元器件的种类、性能、用途、质量判别等方面进行分析探讨。

 项目导入

在电子产品装配与制作中需要选择各种所需要的元器件，因此学会元器件的识别与检测至关重要。同学们试想一下，我们要完成电子元器件识别与检测这项任务，应该具备什么素质和条件？

任务一 电阻器和电位器的识别与检测

🏁 任务目标

『教学知识目标』

1. 认识电阻器和电位器。
2. 了解电阻器和电位器的种类。

『岗位技能目标』

1. 能够正确识别各种电阻器。
2. 会根据电阻器的功能、性能、参数选择合适的类型。
3. 会用万用表检测和判断电阻器的好坏。

『职业素养目标』

1. 通过学习和实训，不断提高对电阻器的认识。
2. 通过学习电阻器的知识，不断培养学生的职业素养。

根据学校实训室和课堂实训教学的实际，你作为本次任务的实施者现需对电阻器、电位器的基本知识及检测方法有所认识。

部分常见电阻器的外形如图 3-1-1 所示。

图 3-1-1　部分常见电阻器的外形

一、电阻器的主要技术指标

1. 额定功率

电阻器在电路中长时间连续工作不损坏，或不显著改变其性能所允许消耗的最大功率称为电阻器的额定功率。电阻器的额定功率并不是电阻器在电路中工作时一定要消耗的功率，而是电阻器在电路工作中所允许消耗的最大功率。不同类型的电阻器具有不同的额定功率，如表 3-1-1 所示。

表 3-1-1　电阻器的功率等级

名称	额定功率/ W
实芯电阻器	0.25，0.5，1，2，5
线绕电阻器	0.5，1，2，6，10，15，25，35，50，75，100，150
薄膜电阻器	0.025，0.05，0.125，0.25，0.5，1，2，5，10，25，50，100

2. 标称值

阻值是电阻的主要参数之一，不同类型的电阻器，阻值范围不同，不同精度的电阻器其阻值系列也不同。根据国家标准，电阻的标称值系列如表 3-1-2 所示。其中，E24、E12 和 E6 系列也适用于电位器。

表 3-1-2　电阻的标称值系列

标称值系列	精度	电阻器/Ω、电位器/Ω
E24	±5%	1.0，1.1，1.2，1.3，1.5，1.6，1.8，2.0，2.2，2.4，2.7，3.0，3.3，3.6，3.9，4.3，4.7，5.1，5.6，6.2，6.8，7.5，8.2，9.1
E12	±10%	1.0，1.2，1.5，1.8，2.2，2.7，3.3，3.9，4.7，5.6，6.8，8.2
E6	±20%	1.0，1.5，2.2，3.3，4.7，6.8，8.2

注：表中数值再乘以 $10n$，其中 n 为正整数或负整数。

3. 允许误差等级

电阻的精度等级如表 3-1-3 所示。

表 3-1-3　电阻的精度等级

允许误差（%）	±0.001	±0.002	±0.005	±0.01	±0.02	±0.05	±0.1
等级符号	E	X	Y	H	U	W	B
允许误差（%）	±0.2	±0.5	±1	±2	±5	±10	±20
等级符号	C	D	F	G	J（Ⅰ）	K（Ⅱ）	M（Ⅲ）

二、电阻器和电位器的型号命名方法

电阻器和电位器的型号命名方法如表 3-1-4 所示。

表 3-1-4　电阻器和电位器的型号命名方法

第一部分：主称		第二部分：材料		第三部分：特征分类			第四部分：序号
符号	意义	符号	意义	符号	意义		第四部分：序号
					电阻器	电位器	
R	电阻器	T	碳膜	1	普通	普通	对主称、材料相同，仅性能指标、尺寸大小有差别，但基本不影响互换使用的产品，给予同一序号；若性能指标、尺寸大小明显影响互换，则在序号后面用大写字母作为区别代号
W	电位器	H	合成碳膜	2	普通	普通	
		S	有机实芯	3	超高频	—	
		N	无机实芯	4	高阻	—	
		J	金属膜	5	高温	—	
		Y	氧化膜	6	—	—	
		C	沉积膜	7	精密	精密	
		I	玻璃釉膜	8	高压	特殊函数	
		P	硼碳膜	9	特殊	特殊	

续表

第一部分：主称		第二部分：材料		第三部分：特征分类			第四部分：序号
符号	意义	符号	意义	符号	意义		对主称、材料相同，仅性能指标、尺寸大小有差别，但基本不影响互换使用的产品，给予同一序号；若性能指标、尺寸大小明显影响互换，则在序号后面用大写字母作为区别代号
					电阻器	电位器	
		U	硅碳膜	G	高功率	—	
		X	线绕	T	可调	—	
		M	压敏	W	—	微调	
		G	光敏	D	—	多圈	
		R	热敏	B	温度补偿用	—	
				C	温度测量用	—	
				P	旁热式	—	
				W	稳压式	—	
				Z	正温度系数	—	

（1）精密金属膜电阻器的型号如图 3-1-2 所示。

图 3-1-2　精密金属膜电阻器的型号

（2）多圈线绕电位器的型号如图 3-1-3 所示。

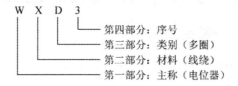

图 3-1-3　多圈线绕电位器的型号

三、电阻器的标志内容及方法

1. 文字符号直标法

图 3-1-4　直标法

直标法（图 3-1-4）指用阿拉伯数字和文字符号有规律地组合来表示标称值、额定功率、允许误差等级等。符号前面的数字表示整数阻值，后面的数字依次表示第一位小数阻值和第二位小数阻值，如 1R5 表示 1.5Ω，2K7 表示 2.7kΩ。其文字符号所表示的单位如表 3-1-5 所示。

表 3-1-5　文字符号所表示的单位

文字符号	R	K	M	G	T
表示单位	Ω	$10^3\Omega$	$10^6\Omega$	$10^9\Omega$	$10^{12}\Omega$

2．色标法

色标法是将电阻器的类别及主要技术参数的数值用颜色（色环或色点）标注在它的外表面。色标电阻（色环电阻）器可分为三环、四环（图 3-1-5）、五环（图 3-1-6）3 种。其含义如表 3-1-6 和表 3-1-7 所示。

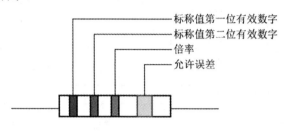

图 3-1-5 四环色环电阻

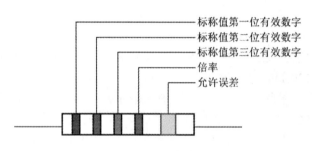

图 3-1-6 五环色环电阻

表 3-1-6 两位有效数字阻值的色环表示法

颜色	第一位有效数字	第二位有效数字	倍率	允许误差
黑	0	0	10^0	
棕	1	1	10^1	
红	2	2	10^3	
橙	3	3	10^3	
黄	4	4	10^4	
绿	5	5	10^5	
蓝	6	6	10^6	
紫	7	7	10^7	
灰	8	8	10^8	
白	9	9	10^9	
金				±5%
银				±10%
无色				±20%

表 3-1-7　三位有效数字阻值的色环表示法

颜色	第一位有效数字	第二位有效数字	第三位有效数字	倍率	允许误差
黑	0	0	0	10^0	
棕	1	1	1	10^1	±1%
红	2	2	2	10^3	±2%
橙	3	3	3	10^3	
黄	4	4	4	10^4	
绿	5	5	5	10^5	±0.5%
蓝	6	6	6	10^6	±0.25%
紫	7	7	7	10^7	±0.1%
灰	8	8	8	10^8	
白	9	9	9	10^9	
金				10^{-1}	±5%
银				10^{-2}	±10%
无色					±20%

　　三色环电阻器的色环表示标称值（允许误差均为±20%）。例如，色环为棕、黑、红，表示 $10×10^2=1.0$kΩ×(1±20%)的电阻器。

　　四色环电阻器的色环表示标称值（二位有效数字）及精度。例如，色环为棕、绿、橙、金，表示 $15×10^3=15$kΩ×(1±5%)的电阻器。

　　五色环电阻器的色环表示标称值（三位有效数字）及精度。例如，色环为红、紫、绿、黄、棕，表示 $275×10^4=2.75$MΩ×(1±1%)的电阻器。

　　一般四色环和五色环电阻器表示允许误差的色环的特点是该环离其他环的距离较远。较标准的表示应是表示允许误差的色环的宽度是其他色环的 1.5～2 倍。

　　有些色环电阻器由于厂家生产不规范，无法用上面的特征判断，这时只能借助万用表判断。

四、电位器的主要技术指标

1. 额定功率

　　电位器的两个固定端上允许耗散的最大功率称为电位器的额定功率。使用中应注意额定功率不等于中心抽头与固定端的功率。

2. 标称值

　　标称值标在产品上的名义阻值，其系列与电阻的系列类似。

3. 允许误差等级

　　实测阻值与标称值误差范围根据不同精度等级可允许±20%、±10%、±5%、±2%、±1%。精密电位器的精度可达± 0.1%。

4. 阻值变化规律

阻值变化规律指阻值随滑动片触点旋转角度（或滑动行程）之间的变化关系，这种变化关系可以是任何函数形式。根据阻值变化规律不同，电位器可分为直线式、对数式和反转对数式（指数式）。

在使用中，直线式电位器适合作为分压器；反转对数式（指数式）电位器适合作为收音机、录音机、电唱机、电视机中的音量控制器。维修时，若找不到同类品，可用直线式电位器代替，但不宜用对数式电位器代替。对数式电位器只适合用于音调控制等。

五、电位器的一般标志方法

电位器的一般标志方法如图 3-1-7 所示。

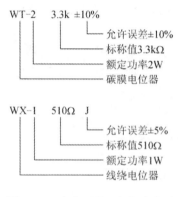

图 3-1-7　电位器的一般标志方法

六、电阻器的质量检测

电阻器质量的好坏是比较容易鉴别的，对新买的电阻器先要进行外观检查，看外观是否端正、标志是否清晰、保护漆层是否完好。然后可以用万用表的欧姆挡测量电阻器的阻值，看其阻值与标称值是否一致，若不一致，则相差之值是否在允许误差范围之内。

检测半可调电阻器的质量时，先用万用表测量整个电阻的总阻值，然后将万用表的表笔分别接一个固定端和活动端，同时慢慢地调动阻值，在万用表上看电阻值的大小是否连续变化（由大到小或由小到大）。如阻值能连续变化说明半可调电阻器是好的。

检测电位器的质量时，先用万用表测量电位器 1-3 端的总阻值，看是否在允许误差范围内；再将万用表表笔接于 1-2 端或 2-3 端间，同时慢慢转动电位器的轴，看万用表的指针是否连续、均匀地变化，如不连续（调动）或变化过程中电阻值不稳定，则说明内部接触不良；然后测量电位器开关 4-5 端是否起作用，接触是否良好；最后测量电位器各端子与外壳（金属）及旋转轴间的绝缘电阻是否接近。

七、电阻器的使用常识

（1）用万用表测量在电路中的电阻器时，首先应把电路中的电源切断，然后将电阻器的一端与电路断开，以免并联的电路元件影响测量的准确性。测量电阻器时，不允许用两只手同时接触表笔的两端，否则会将人体电阻并联与被测电阻器上而影响测量的准确性。要精确测量某些电阻器的阻值时需用电阻电桥。

（2）电阻器在使用前，最好用万用表测量阻值，查对无误，方可使用。用文字直接标志的电阻器，装配时应使其有标志的一面向上，以便查对。

（3）电位器使用一段时间后最易出现的故障是噪声大，特别是非密封带开关的电位器，主要原因是电阻膜被磨损，接触电阻不稳定。此时，可用无水酒精清洗内部电阻膜，去除摩擦产生的碳粉及污垢。当然严重的电位器就需要更换了。

（4）额定功率合适。选用的功率过大，电阻器的体积大，成本也就相应增加，不利于电路的设计和装配；但是，为了保证电阻器的安全使用，额定功率也不能选得过小。通常选用的额定功率应大于实际消耗功率的 2 倍左右。

（5）误差大小合适。一般选用的电阻器与电路图中的设计值有 10% 的浮动。个别阻值要求精确的地方，其安装说明中会特别指出。因此，一般可使用误差环是银色的电阻，个别地方应使用五色环精密电阻。

（6）由于电子装置中大量使用小型和超小型电阻器，因此焊接时使用尖细的烙铁头，功率 30W 以下。尽可能不要把引线剪得过短，以免在焊接时热量传入电阻内部，引起阻值的变化。

活动设计：认识和检测电阻器和电位器

（1）活动形式：以小组为单位，分组进行。

（2）活动时间：40min。

（3）活动目的：加深对各种电阻器和电位器的实训巩固，提升小组的团队协调能力和动手能力。

（4）活动准备：20 个色环电阻器和 5 个电位器。

（5）活动实施：认识和检测色环电阻器、电位器。

任务评价表如表 3-1-8 所示。

表 3-1-8　任务评价表

序号	项目	配分	评价要点	自评	互评	教师评价	平均分
1	正确识读元器件的种类	40	每错一个扣 4 分				
2	正确认识和检测元器件	40	每错一个扣 4 分				
3	用时在规定范围内	20	超过 40min 不得分				

任务二 电容器的识别与检测

『教学知识目标』

1. 能够正确识别各种电容器，了解其参数。
2. 掌握电容器在电路中的功能及作用。

『岗位技能目标』

1. 会根据电容器的功能、性能、参数选择和使用电容器。
2. 会用万用表检测和判断电容器的好坏。

『职业素养目标』

1. 通过实训教学，不断提高对电容器的认识。
2. 通过实训教学，了解电容器的功能、性能，不断培养学生的职业道德。

在我们周围的物质世界中，大家能看到很多容器，如粮仓、油桶、杯子等。在无线电装备中，却有一种与众不同的容器，在它内部可存储电荷，我们称它为电容器。电容是电子制作中主要的元器件之一，和电阻器一样绝大部分电子电路离不开它。电容器是一种储存电能的元件。两块相互平行且互不接触的金属板就构成了一个最简单的电容器。根据学校实训室和课堂实训教学的实际，你作为本次任务的实施者现需对电容器的基本知识及检测方法有所认识。

常见电容器的外形如图 3-2-1 所示。

图 3-2-1　常见电容器的外形

一、电容器的作用

如果把组成电容器的金属板两端分别接到电池的正、负极，那么接在电池正极的金属板上的电子就会被电池正极吸收而带正电荷，接负极的金属板就会从电池负极得到大量电子而带负电荷。这种现象称为充电。充电的时候，电路中有电流流动，当两块金属板所充电荷形成的电压与电池电压相等时，充电停止，此时电路中没有电流，相当于开路，这就是电容器能隔断直流通过的原因。

如果将电容器与电池分开，用导线把电容器的两端连接起来，在刚接通的一瞬间，电路中就有电流通过，随着电流流动，两金属板之间的电压很快降低，直到两金属板上的正、负电荷完全消失，这种现象称为放电。

二、电容器型号命名法

电容器型号命名法如表 3-2-1 所示。

表 3-2-1　电容器型号命名法

第一部分：主称		第二部分：材料		第三部分：特征、分类					第四部分：序号
符号	意义	符号	意义	符号	意义				
					瓷介质	云母	玻璃	电解	其他	
C	电容器	C	瓷介质	1	圆片	非密封	—	箔式	非密封	对主称、材料相同，仅尺寸、性能指标略有不同，但基本不影响互使用的产品，给予同一序号；若尺寸性能指标的差别明显，影响互换使用，则在序号后面用大写字母作为区别代号
		Y	云母	2	管形	非密封	—	箔式	非密封	
		I	玻璃釉	3	叠片	密封	—	烧结粉固体	密封	
		O	玻璃膜	4	独石	密封	—	烧结粉固体	密封	
		Z	纸介	5	穿心	—	—	—	穿心	
		J	金属化纸	6	支柱	—	—	—	—	
		B	聚苯乙烯	7	—	—	—	无极性	—	
		L	涤纶	8	高压	高压	—	—	高压	
		Q	漆膜	9	—	—	—	特殊	特殊	
		S	聚碳酸酯	J	金属膜					
		H	复合介质	W	微调					
		D	铝	T	铁电					
		A	钽	X	小型					
		N	铌	S	独石					
		G	合金	D	低压					
		T	钛	M	密封					
		E	其他	Y	高压					

（1）铝电解电容器的命名如图 3-2-2 所示。

图 3-2-2 铝电解电容器的命名

（2）圆片形瓷介电容器的命名如图 3-2-3 所示。

图 3-2-3 圆片形瓷介电容器的命名

三、电容器的主要技术指标

1. 电容器的耐压

常用固定式电容器的直流工作电压系列为 6.3V、10V、16V、25V、40V、63V、100V、160V、250V、400V。

2. 电容器允许误差等级

电容器常见的允许误差等级有 7 个，如表 3-2-2 所示。

表 3-2-2　电容器常见的允许误差等级

允许误差	±2%	±5%	±10%	±20%	+20%、−30%	+50%、−20%	+100%、−10%
级别	0.2	I	II	III	IV	V	VI

3. 标称电容量

固定式电容器标称容量系列和允许误差如表 3-2-3 所示。

表 3-2-3　固定式电容器标称容量系列和允许误差

系列代号	E24	E12	E6
允许误差	±5%（I）或（J）	±10%（II）或（K）	±20%（III）或（m）
标称容量对应值	10，11，12，13，15，16，18，20，22，24，27，30，33，36，39，43，47，51，56，62，68，75，82，90	10，12，15，18，22，27，33，39，47，56，68，82	10，15，22，23，47，68

注：标称电容量为表中数值或表中数值再乘以 $10n$，其中 n 为正整数或负整数，单位为 pF。

四、电容器的标志方法

1. 直标法

容量单位：F（法拉）、mF（毫法）、μF（微法）、nF（纳法）、pF（皮法）。

$$1\,F = 10^3\,mF = 10^6\,\mu F = 10^{12}\,pF$$
$$1\mu F = 10^3\,nF = 10^6\,pF$$

例如：电容器上标注的 4n7 表示 4.7nF 或 4700pF，0.22 表示 0.22μF，51 表示 51pF。

有时用大于 1 的两位以上的数字表示单位为 pF 的电容，如 101 表示 100pF，用小于 1 的数字表示单位为μF 的电容，如 0.1 表示 0.1μF。

2. 数码表示法

一般用三位数字来表示电容器容量的大小，单位为 pF。前两位为有效数字，后一位表示倍率，即乘以 10^i，i 为第三位数字，若第三位数字 9，则乘 10^{-1}。例如，223J 代表 $22 \times 10^3 pF =$ 22000pF=0.22μF，允许误差为±5%的电容器；又如，479K 代表 $47 \times 10^{-1} pF$，允许误差为±10% 的电容器，这种表示方法最为常见。

3. 色码表示法

这种表示法与电阻器的色环表示法类似，颜色涂于电容器的一端或从顶端向引线排列。色码一般只有 3 种颜色，前两环为有效数字，第三环为倍率，单位为 pF。有时色环较宽，如红、红、橙，两个红色环涂成一个宽的色环，表示 22000pF。

五、电容器质量的检测

在没有专用电容表的条件下，电容器的好坏及质量高低可以用万用表的欧姆挡加以判断。

1. 对于容量在 0.1μF 以下的无极性电容器

可以用万用表欧姆挡（$R \times 10k\Omega$）测量电容器两端，指针应向右微微摆动，然后迅速摆至"∞"，这说明电容器是好的。当测量时，万用表的指针向右摆到"0"之后，并不回摆，说明该电容器已击穿短路。当测量时，万用表的指针向右微微摆动之后，并不回摆到"∞"，说明该电容器有漏电现象，此时的阻值越小，漏电流越大，该电容器的质量越差。当测量时，万用表的指针没有摆动，说明该电容器断路。

2. 对于容量在 0.1μF 以下的无极性电容器

可以万用表的欧姆挡（$R \times 10k\Omega$）测量电容器的两端，其质量好坏判断标准同上。如果使用的万用表没有 $R \times 10k\Omega$ 挡，可用 $R \times 1k\Omega$ 挡测量，一般这时万用表的指针不动说明电容器质量良好。但是，这只是粗略判断电容器的好坏，不排除它有断路的可能。

3. 电解电容器的质量检测

电解电容器的容量大，两引出线有极性之分，长脚为正极，短脚为负极，如图 3-2-4 所示。在电路中，电容器的正极接电位较高的点，负极接电位较低的点，极性接错后，电容器有击穿爆裂的危险。另外，有的电解电容器在外壳上用"+"或"-"号分别表示正极或负极，靠近"+"号的那一条引线就是正极，另一条引线就是负极。

短脚为负极 ——

图 3-2-4　电解电容器

检测时，一般万用表的欧姆挡（$R×1k\Omega$），红表笔接电解电容器负极，黑表笔接电解电容器正极，迅速观察万用表指针偏转状况，首先指针向右偏转，然后慢慢地向左摆回，并稳定在某一数值上。指针稳定后得到阻值在几百千欧以上，表明被测电容器完好。测量电解电容器时，如果万用表的指针没有向右偏转的现象，则说明该电容器的电解液已干涸。测量时，如果万用表的指针向右偏转到很小的数字，且指针没有回摆，则说明该电容器已被击穿。测量时，如果万用表的指针向右偏转，然后指针慢慢回摆，但最后稳定的数字在几百千欧以下，则说明电容器有漏电现象，一般不再使用。

4. 可变电容器的检测

可变电容器分为单连可变电容器和双连可变电容器，单连可变电容器只有动片和定片，与轴相连的为动片，另一片为定片。双连可变电容器中间的是动片，另外两个是定片。检测前，首先分清动片和定片，然后来回转动转轴，感觉转动是否灵活，转不动或转不灵活的电容器不能使用。检测时，一般用万用表的欧姆挡（$R×1k\Omega$），把万用表的表笔分别与可变电容器的动片和定片相连接，来回缓慢转动其转轴，观察万用表指针的摆动情况。如果万用表的指针始终在刻度线的"∞"处，则说明该可变电容器质量良好；如果转轴转动，万用表的指针在欧姆刻度线的"0"处或有摆动的现象，则说明可变电容器的动片和定片之间有短路，不能使用。

活动设计：认识和检测各种电容器

（1）活动形式：以小组为单位，分组进行。

（2）活动时间：40min。

（3）活动目的：加深对各种电容器的了解，培养小组团队协作能力和动手能力。

（4）活动准备：20 个电容器。

（5）活动实施：认识和检测电容器。

任务评价表如表 3-2-4 所示。

表 3-2-4　任务评价表

序号	项目	配分	评价要点	自评	互评	教师评价	平均分
1	说明电容器的型号	40	每错一个扣 4 分				
2	正确认识和检测电容器	40	每错一个扣 4 分				
3	用时在规定范围内	20	超过 40min 不得分				

任务三　电感器的识别与检测

『教学知识目标』

1. 能够正确识别各种电感器。
2. 掌握电感器在电路中的功能及作用。

『岗位技能目标』

1. 会根据电感器的功能、性能、参数选择和使用电感器。
2. 会用万用表检测和判断电感器的好坏。

『职业素养目标』

1. 通过实训教学，不断提高对电感器的认识。
2. 通过实训教学，了解电感器的功能，不断培养学生的职业道德。

电感器是电子制作中主要的元器件之一。电感器也是一种储存电能的元件。由环绕的线圈就可构成一个最简单的电感器。根据学校实训室和课堂实训教学的实际，你作为本次任务的实施者现需对电容器的基本知识及检测方法有所认识。

常见电感器的外形如图 3-3-1 所示。

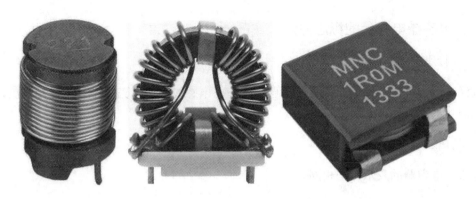

图 3-3-1　常见电感器的外形

一、电感器的分类

常用的电感器有固定电感器、微调电感器、色码电感器等。另外，变压器、阻流圈、振荡线圈、偏转线圈、天线线圈、中周、继电器及延迟线和磁头等，都属电感器。

二、电感器的主要技术指标

1. 电感量

在没有非线性导磁物质存在的条件下，一个载流线圈的磁通量与线圈中的电流成正比，其比例常数称为自感系数，简称为电感，用 L 表示，即

$$L = \frac{\varphi}{I}$$

式中：φ 为磁通量；I 为电流强度。

2. 固有电容

线圈各层、各匝之间，绕组与底板之间都存在着分布电容，统称为电感器的固有电容。

3. 品质因数

电感线圈的品质因数定义为

$$Q = \frac{\omega L}{R}$$

式中：ω 为工作角频率；L 为线圈电感量；R 为线圈的总损耗电阻。

4. 额定电流

额定电流指线圈中允许通过的最大电流。

5. 线圈的损耗电阻

线圈的损耗电阻指线圈的直流损耗电阻。

三、电感器电感量的标志方法

1. 直标法

直标法用文字将电感器的主要参数直接标志在电感线圈的外壳上。电感量的单位有 H(亨利)、mH（毫亨）、μH（微亨）。

2. 数码表示法

方法与电容器的表示方法相同。

3. 色码表示法

这种表示法也与电阻器的色标法相似，色码一般有 4 种颜色，前两种颜色表示有效数字，第三种颜色表示倍率，单位为μH，第四种颜色表示允许误差。

四、电感器的测量和使用常识

1. 电感器的测量

电感器的精确测量要借助专用电子仪表，在不具备专用仪表时，可以用万用表测量电感器的电阻来大致判断其好坏。一般电感器的直流电阻应很小，低频扼流圈的直流电阻最多只有几百至几千欧，当测得电阻为无穷大时表明电感器内部或引出端已断线。

2. 电感器的使用常识

在使用电感器时，不要随便改变其形状、大小和距离，否则会影响其电感量，尤其是频率高、线圈数少的电感器，一般用高频蜡或其他介质材料进行密封固定。可调电感器应安装在易调节的地方，以便调整电感量，达到最理想的工作状态。

五、变压器

变压器由一次线圈、二次线圈和铁心组成，变压器能够升降交流电压。如果一次线圈比二次线圈的圈数多，则为降压变压器；如果二次线圈比一次线圈的圈数多，则为升压变压器。在不考虑损耗的情况下，一次电压 U_1 和二次电压 U_2 的比等于一次线圈 N_1 和二次线圈 N_2 的比，即 $U_1/U_2=N_1/N_2$。变压器是根据变压器用在不同的交流电频率范围而分为低频、中频、高频。低频变压器都有铁心，中频和高频变压器一般是空气心或用特制的铁粉心。

1. 低频变压器

低频变压器可分为音频变压器和电源变压器，音频变压器在放大电路中的主要作用是耦合、倒相、阻抗匹配等。一般要求音频变压器的频率特性好，分布电容和漏感小。音频变压器有输入、输出音频变压器之分。输入音频变压器是接在放大器输入端的音频变压器，它的一次侧一般接在话筒，二次侧接放大器的第一级。晶体管放大器的低放与功率放大器之间的耦合变压器习惯上又称输入音频变压器。输出音频变压器是接在放大器输出端的变压器，它的一次侧接在放大器的输出端，二次侧接负载（扬声器）。它的主要作用是把扬声器的较低阻抗，通过输出变压器变成放大器所需的最佳负载阻抗，使放大器具有最大不失真输出。

电源变压器一般是将 220V 的交流电变换为所需的低压交流电，以便整流、滤波、稳压而得到直流电，作电路的供电电源用。

2. 中频变压器

中频变压器（俗称中周）如图 3-3-2 所示，是超外差收音机和电视机中频放大器中的重要元件。它对收音机的灵敏度、选择性，电视机的图像清晰度等整机技术指标有很大影响。中频变压器一般和电容器（外加或内带）组成谐振回路。

图 3-3-2　中频变压器

3. 高频变压器

收音机中所用的振荡线圈、高频放大器的负载回路和天线线圈都是高频变压器。因为这些线圈用在高频电路中，所以电感量很小。

六、变压器的检测及使用常识

1. 检测变压器的简便方法

选择万用表的 $R\times10\Omega$ 挡，分别测量一次线圈和二次线圈的电阻值，阻值在几欧至几百欧之间，说明变压器功能正常。

2. 使用常识

使用电源变压器时，要分清它的一次侧和二次侧。对于降压变压器来说，一次侧的阻值比二次侧的阻值要大。在电路中，电源变压器是要产生热量的，必须考虑安放位置是否有利于散热。

活动设计：认识和检测各种不同的电感器

（1）活动形式：以小组为单位，分组进行。

（2）活动时间：40min。

（3）活动目的：加深对各种电感器的了解，提升学生的团队意识、协调能力和动手能力。

（4）活动准备：10 个不同外形和结构的电感器。

（5）活动实施：说明电感器的类型，检测电感器。

任务考评

任务评价表如表 3-3-1 所示。

表 3-3-1　任务评价表

序号	项目	配分	评价要点	自评	互评	教师评价	平均分
1	说明电感器的类型	40	每错一个扣 4 分				
2	正确认识和检测电感器	40	每错一个扣 4 分				
3	用时在规定范围内	20	超过 40min 不得分				

任务四　二极管的识别与检测

任务目标

『教学知识目标』

1. 掌握半导体器件的单向导电性。
2. 能够正确识别各种二极管。
3. 掌握二极管在电路中的功能及作用。

『岗位技能目标』

1. 会根据二极管的功能、性能、参数选择和使用二极管。
2. 会用数字万用表检测和判断二极管的好坏。

『职业素养目标』

1. 通过实训教学，提高对二极管的认识。
2. 通过实训教学，了解二极管的功能，培养学生的职业道德。

任务导入

二极管是半导体器件中最基本的一种器件。它是用半导体单晶材料制成的，故半导体器件又称晶体器件。二极管具有两个电极，在收音机、电视机和其他电子设备中具有广泛的应用。根据学校实训室和课堂实训教学的实际，你作为本次任务的实施者现需对电容器的基本知识及检测方法有所认识。

一、二极管的特性

在纯净的半导体中掺入镓等三价元素后就制成了 P 型半导体，在纯净的半导体中掺入砷等五价元素后就制成了 N 型半导体。在 P 型半导体和 N 型半导体相结合的地方，就会形成一个特殊的薄层，这个特殊的薄层称为 PN 结，二极管是由一个 PN 结组成的。

单向导电性是二极管的基本特性，即用万用表测量二极管的两端，测量两次，一次阻值在几千欧左右，另一次万用表的指针几乎不动，说明阻值特别大。利用这个特性，二极管可以把交流电变成直流电，起整流的作用，还可以把载有低频信号的高频信号电流变成低频信号电流，起检波作用。

二、几种常用的二极管

二极管的种类很多，按材料可分为锗二极管、硅二极管、砷化镓二极管等；按结构可分为点接触二极管和面接触二极管；按用途可分为整流二极管、检波二极管、光敏二极管、稳压二极管等。

1. 整流二极管

整流二极管多用硅半导体材料制成，有金属封装和塑料封装两种。整流二极管的作用是利用 PN 结的单向导电性，把交流电变成脉动直流电。整流二极管的实物图如图 3-4-1 所示。

2. 检波二极管

检波二极管的作用是把调制在高频电磁波的低频信号检出来。检波二极管要求结电容小，反向电流小，所以检波二极管常采用点触式。检波二极管的实物图如图 3-4-2 所示。

3. 光敏二极管

光敏二极管是利用 PN 结施加反向电压时，在光线照射下反向电阻由大到小的原理工作的。无光照射时，光敏二极管的反向电流很小；有光照射时，光敏二极管的反向电流很大。光敏二极管并不是对所有的可见光及不可见光都有相同的反应，

图 3-4-1　整流二极管的实物图

而是有特定的光谱范围的。2DU 型光敏二极管是利用硅材料制成的光敏二极管，2AU 型光敏二极管是利用半导体锗材料制成的光敏二极管。其实物图如图 3-4-3 所示。

图 3-4-2　检波二极管的实物图

图 3-4-3　光敏二极管的实物图

4. 稳压二极管

稳压二极管是一种齐纳二极管，它是利用二极管反向击穿时，两端电压固定在某一数值，基本上不随电流大小变化的特性制成的。稳压二极管的正向特性与普通二极管相似，当反向电压小于击穿电压时，反向电流很小；当反向电压临近击穿电压时，反向电流急剧增大，发生电击穿。这时管子两端的电压基本保持不变，起到稳定电压的作用。必须注意的是，稳压二极管在电路上应用时一定要串联限流电阻，不能让二极管击穿后电流无限增大，否则二极管将被烧毁。稳压二极管的实物图如图 3-4-4 所示。

图 3-4-4　稳压二极管的实物图

5. 变容二极管

变容二极管是利用 PN 结的空间电荷层具有电容特性的原理制成的特殊二极管。它的特点是结电容随加到管子上的反向电压的大小而变化。在一定范围内，反向电压越小，结电容越大；反之，反向电容电压越大，结电容越小。变容二极管多采用硅或砷化镓材料制成，采用陶瓷或环氧树脂封装。变容二极管在电视机、收音机和录像机中多用于调谐电路和自动频率微调电路。其实物图如图 3-4-5 所示。

图 3-4-5　变容二极管的实物图

6. 发光二极管

发光二极管（light emitting diode，LED）是一种半导体发光器件，在家用电器中常用来作指示灯。例如，有的收录机中常用一组或两组发光二极管作为音量指示灯，当音量开大时，输出功率加大，发光的发光二极管的数目增多；输出功率小时，发光的发光二极管的数目减少。

根据制造的材料和工艺不同，发光二极管的发光颜色有红色、绿色、黄色等。有的发光二极管还能根据所加电压的不同发出不同颜色的光，称为变色发光二极管。其实物图如图 3-4-6 所示。

图 3-4-6　发光二极管的实物图

三、二极管的主要参数

1. 最大整流电流

它是指二极管长期正常工作时，能通过的最大正向电流。因为二极管工作时，有电流通过时会发热，电流过大时就会因发热过度而烧毁，所以应用二极管时要特别注意工作电流不能超过其最大整流电流。

2. 反向电流

它是在给定的反向电压下，通过二极管的直流电流。理想情况下，二极管具有单向导电性，但实际上在反向电压下二极管总会有一点微弱的电流，通常硅管有 $1\mu A$ 或更小的电流，锗管有几百微安。反向电流的大小反映了二极管单向导电性的好坏，反向电流的数值越小越好。

3. 最大反向工作电压

它是二极管正常工作时所能承受的反向电压最大值，二极管反向连接时，如果把反向电压加到某一数值，管子的反向电流就会急剧增大，管子呈现击穿状态。这时的电压称为击穿电压。晶体管的反向工作电压为击穿电压的 1/2，其最高反向工作电压则为反向击穿电压的 2/3。

一般来说，二极管对电压比电流的变化更敏感，也就是说，过电压更能引起管子的损坏，故应用中一定要保证不超过最大反向工作电压。

四、二极管的识别

要认识二极管首先要了解二极管的命名方法，各国对二极管的命名规定不同，我国晶体管的型号一般由 5 部分组成，如表 3-4-1 所示。

表 3-4-1　晶体管的型号

第一部分		第二部分		第三部分		第四部分	第五部分
用数字表示器件电极的数目		用字母 表示器件的材料和极性		用字母 表示器件的类型		用数字表示序号	用字母表示规格号
符号	意义	符号	意义	符号	意义		
2	二极管	A	N 型锗材料	P	普通管		
		B	P 型锗材料	W	稳压管		
		C	N 型硅材料	Z	整流管		
		D	P 型硅材料	K	开关管		

例如，2AP9 中"2"表示二极管，"A"表示 N 型锗材料，"P"表示普通管，"9"表示序号。2CW 中"2"表示二极管，"C"表示 N 型硅材料，"W"表示稳压管，"10"表示序号。

当然，现在市场上有很多国外二极管，如日本产的 1N4148 是一种开关二极管，1N4001、1N4002、1N4004、1N4007 等是整流二极管，最大整流电流都是 1A，反向工作电压分别是 50V、100V、200V、400V 和 1000V。

五、二极管的检测、代换与极性判别

1. 二极管的检测

通常最简便的方法是用万用表来判别二极管的好坏。测量时，将万用表拨到 $R×1kΩ$ 挡，测量二极管的正、反向电阻，好的管子电阻一般在几千欧以上，甚至无穷大。正、反向电阻相差越大越好。如果两次测量得到的阻值一样大或一样小，说明该二极管已损坏。

2. 二极管的代换

二极管的代换比较容易，当原电路中的二极管损坏时，最好选用同型号同档次的二极管代替。如果找不到同型号的二极管，必须查清原二极管的主要参数。对于检波二极管只要工作频率满足即可，整流二极管要满足反向工作电压和最大整流电流的要求，稳压二极管一定要注意稳压电压的数值。

3. 二极管极性的判别

测量二极管时，以测得小的那一次（正向电阻）万用表黑笔所接的是二极管的正极，红表笔所接的是二极管的负极。对于发光二极管而言，一般来说，长脚是正极，短脚是负极。

任务实施

活动设计：认识和检测二极管

（1）活动形式：以小组为单位，分组进行。

（2）活动时间：40min。

（3）活动目的：掌握各种二极管特点、性能，能够正确的判断二极管正负极及质量好坏。充分发挥学生的团队意识和操作水平。

（4）活动准备：10 个二极管。

（5）活动实施：说明二极管的类型，检测二极管性能。

任务评价表如表 3-4-2 所示。

表 3-4-2　任务评价表

序号	项目	配分	评价要点	自评	互评	教师评价	平均分
1	说明二极管的类型	40	每错一个扣 4 分				
2	正确认识和检测二极管	40	每错一个扣 4 分				
3	用时在规定范围内	20	超过 40min 不得分				

<h1 style="text-align:center">任务五　晶体管的识别与检测</h1>

『教学知识目标』

1. 掌握晶体管结构、种类、特点、功能。
2. 掌握各种晶体管的实物图形、主要参数。
3. 掌握晶体管在电路中的功能及作用。

『岗位技能目标』

1. 会根据晶体管的功能、性能、参数选择和使用晶体管。
2. 会用万用表检测和判断晶体管的引脚（e、b、c）及晶体管好坏。

『职业素养目标』

1. 通过实训教学，提高对晶体管的认识。
2. 通过实训教学，了解晶体管的功能，培养学生的职业道德。

晶体管由两个做在一起的 PN 结加上相应的引出电极线及封装组成。由于晶体管具有放

大作用，它是收音机、录音机、电视机等家用电器中很重要的器件之一，用晶体管可以组成放大、振荡及各种功能的电子电路。根据学校实训室和课堂实训教学的实际，你作为本次任务的实施者现需对晶体管的基本知识及检测方法有所认识。

常见晶体管的外形如图 3-5-1 所示。

图 3-5-1 常见晶体管的外形

一、晶体管的分类

晶体管的分类很多，按结构可分为点接触型和面接触型；按生产工艺可分为合金型、扩散型和平面型等。但是，常用的分类是从应用角度，依工作频率分为低频晶体管、高频晶体管和开关晶体管；依工作功率分为小功率晶体管、中功率晶体管和大功率晶体管；依导电类型分为 PNP 型晶体管和 NPN 型晶体管；依构成材料分为锗晶体管和硅晶体管。

下面介绍锗晶体管和硅晶体管之间的区别。无论是锗晶体管还是晶体硅管，都有 PNP 型和 NPN 型两种导电类型，都有高频管和低频管、大功率管和小功率管之分。但它们在电气特性上还是有一定差别的。首先，与硅晶体管相比，锗晶体管具有较低的起始工作电压，锗晶体管的基极和发射极之间有 0.2～0.3V 的电压即可开始工作，而硅晶体管的基极和发射极之间有 0.6～0.7V 的工作电压才能工作。其次，锗晶体管具有较低的饱和压降，晶体管导通时，发射极和集电极之间的电压锗晶体管比硅晶体管更低。第三，硅晶体管具有较小的漏电流和更平直的输出特性。

二、晶体管的主要参数

1. 共发射极直流放大倍数 h_{FE}

共发射极直流放大倍数 h_{FE} 是指在没有交流信号输入时，共发射极电路输出的集电极直流电流与基极输入的直电流之比。这是衡量晶体管有无放大作用的主要参数，正常晶体管的放大倍数应为几十至几百倍。常用晶体管的外壳上标有不同颜色点，以表明不同的放大倍数，如色点为黄色的晶体管，放大倍数是 40～55 倍，色点是灰色的晶体管的放大倍数为 180～270 倍等，如表 3-5-1 所示。

表 3-5-1　不同色标的放大倍数

放大倍数	5～15	15～25	25～40	40～55	55～80	80～120	120～180	180～270	270～400	400～600
颜色	棕	红	橙	黄	绿	蓝	紫	灰	白	黑

2. 共发射极交流放大倍数 β

共发射极电路中，集电极电流和基极输入电流的变化量之比称为共发射极交流放大倍数 β。当晶体管工作在放大区小信号时，$h_{FE}=\beta$，晶体管的 β 一般在 10～200 倍。β 太小，表明晶体管的放大能力越差，但 β 太大，晶体管的工作稳定性往往较差。

3. 特征频率

晶体管的 β 会随工作信号频率的升高而下降，频率越高，β 下降越严重。特征频率就是 β 下降到 1 时的频率。也就是说，当工作信号的频率升高到特征频率时，晶体管就失去了交流电流的放大能力。特征频率的大小反映了晶体管频率特性的好坏。在高频率电路中，要选用特征频率较高的晶体管，特征频率一般比电路工作频率至少要高 3 倍。

4. 集电极最大允许电流

晶体管的 β 在集电极电流过大时也会下降。β 下降到额定值的 2/3 或 1/2 时的集电极电流为集电极最大允许电流。晶体管工作时的集电极电流最好不要超过集电极的最大允许电流。

5. 集电极最大允许耗散功率

晶体管工作时，集电极电流通过集电结耗散功率，耗散功率越大，集电结的温升就越高，可根据晶体管允许的最高温度，得出集电极最大允许耗散功率。小功率晶体管的集电极最大允许耗散功率在几十至几百毫瓦，大功率晶体管的集电极最大允许耗散功率在 1W 以上。

三、晶体管的识别

要认识晶体管首先要了解晶体管的命名方法。各国对晶体管的命名方法的规定不同，我国晶体管的型号一般由 5 部分组成，如表 3-5-2 所示。国外部分公司及产品代号如表 3-5-3 所示。

表 3-5-2　晶体管的型号

第一部分		第二部分		第三部分		第四部分	第五部分
用数字表示器件电极的数目		用字母表示器件的材料和极性		用字母表示器件的类型		用数字表示序号	用字母表示规格号
符号	意义	符号	意义	符号	意义		
3	晶体管	A	PNP 型锗材料	X	低频小功率		
		B	NPN 型锗材料	G	高频小功率		
		C	PNP 型硅材料	D	低频大功率		
		D	NPN 型硅材料	A	高频大功率		
		E	化合物材料				

表 3-5-3　国外部分公司及产品代号

公司名称	代号	公司名称	代号
美国无线电公司（BCA）	CA	美国悉克尼特公司（SIC）	NE
美国国家半导体公司（NSC）	LM	日本电气工业公司（NEC）	μPC
美国摩托洛拉公司（MOTA）	MC	日本日立公司（HIT）	RA
美国仙童公司（PSC）	μA	日本东芝公司（TOS）	TA
美国得克萨斯公司（TII）	TL	日本三洋公司（SANYO）	LA、LB
美国模拟器件公司（ANA）	AD	日本松下公司	AN
美国英特西尔公司（INL）	IC	日本三菱公司	M

PNP 型锗材料低频大功率晶体管如图 3-5-2 所示。NPN 型硅材料高频小功率晶体管如图 3-5-3 所示。

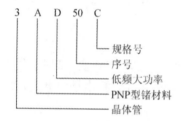

图 3-5-2　PNP 型锗材料低频大功率晶体管

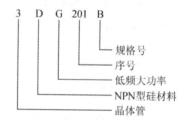

图 3-5-3　NPN 型硅材料高频小功率晶体管

四、晶体管的检测

在晶体管装入电路之前或检修家用电器时经常需要用简易的方法判别它的好坏。下面介绍用万用表测量晶体管的几种方法。

1. 判断晶体管的引脚

晶体管 3 个引脚的作用是不同的，工作时不能相互代替。用万用表判断的方法：将万用表置于 $R×1\text{k}\Omega$ 挡，黑表笔接晶体管的某一引脚（假设它是基极），用红表笔分别接另外的两个引脚。如果指针指示的两个阻值都很小，那么黑表笔所接的引脚便是 NPN 型晶体管的基极；如果指针指示的两个阻值都很大，那么黑表笔所接的引脚便是 PNP 型晶体管的基极。如果指针指示的阻值一个很大，一个很小，那么黑表笔所接的引脚不是晶体管的基极，要换另一个引脚再次检测。

2. 判断硅晶体管和锗晶体管

利用硅晶体管 PN 结与锗晶体管 PN 结正、反向电阻的差异，可以判断不知型号的晶体管是硅晶体管还是锗晶体管。用万用表的 $R×1\text{k}\Omega$ 挡，测发射极与基极间和集电极与基极间的正向电阻，硅晶体管在 3～10kΩ，锗晶体管在 500～1kΩ，上述极间的反向电阻，硅晶体管一般大于 500kΩ，锗晶体管一般大于 1000kΩ。

3. 测量晶体管的直流放大倍数

将万用表的功能选择旋钮旋到 h_{FE} 处，一般还需调零，将晶体管的 3 个引脚正确地接到万用表面板上的 e、b、c 处，这时万用表的指针会向右偏转，在表头刻度盘上有 h_{FE} 的指示数，即是测量晶体管的直流放大倍数。

4. 晶体管的代换

在家用电器修理中，经常会遇到晶体管的损坏，需用同型号、同品种的晶体管代换，或用相同（相近）性能的晶体管进行代换。代换的原则和方法如下：

（1）极限参数高的晶体管可以代换低的晶体管。例如，集电极最大允许耗散功率大的晶体管可以代换小的晶体管。

（2）性能好的晶体管可以代换性能差的晶体管。例如，参数值高的晶体管可以代换值低的晶体管，但值不宜过高，否则晶体管工作不稳定。

（3）高频、开关晶体管可以代换普通低频晶体管。当其他参数满足要求时，高频晶体管可以代替低频晶体管。

（4）锗晶体管和硅晶体管可以相互代换。两种材料的晶体管相互代换时，首先，要导电类型相同（PNP 型代换 PNP 型，NPN 型代换 NPN 型）；其次，要注意晶体管的参数是否相似；最后，更换晶体管后由于偏置不同，需重新调整偏流电阻。

活动设计：认识和检测晶体管

（1）活动形式：以小组为单位，分组进行。

（2）活动时间：40min。

（3）活动目的：掌握各种晶体管特点、性能，能够正确的判断晶体引脚位（e、b、c）及质量好坏，充分发挥学生的团队意识和操作水平。

（4）活动准备：20 个晶体管（9012、9013、9014、9015、9018、8050、8550、1015、1815）。

（5）活动实施：说明晶体管的类型，检测晶体的相关参数。

任务评价表如表 3-5-4 所示。

表 3-5-4 任务评价表

序号	项目	配分	评价要点	自评	互评	教师评价	平均分
1	说明晶体管的类型	40	每错一个扣 4 分				
2	正确认识和检测晶体管	40	每错一个扣 4 分				
3	用时在规定范围内	20	超过 40min 不得分				

任务六　集成电路的识别与检测

『教学知识目标』

1. 掌握集成电路的分类、型号、外形结构、引脚排列。

2. 掌握各集成电路的实物图形、主要参数。

3. 掌握集成电路在电路中的功能。

『岗位技能目标』

1. 会根据集成电路的功能、参数选择和使用集成电路。

2. 能够用电烙铁、热风枪、镊子等工具对集成电路进行熟练的拆装。

『职业素养目标』

1. 通过实训教学，提高对集成电路的认识。

2. 通过实训教学，了解集成电路的功能、性能的特点，培养学生的职业道德。

　　集成电路是 20 世纪 50 年代末发展起来的新型电子器件。前面介绍过电阻器、电容器、电感器、二极管、晶体管等属于分立元器件。而集成电路是相对于这些分立元器件或分立电路而言的，它集元器件、电路为一体，独立成为更大概念的器件。根据学校实训室和课堂实训教学的实际，你作为本次任务的实施者现需对集成电路的基本知识及检测方法有所认识。

一、集成电路的分类和型号

　　集成电路是利用半导体技术或薄膜技术将半导体器件与阻容元件，以及连线高度集中制作在一块小面积芯片上，再加上封装而成的。例如，晶体管大小的集成电路芯片可以容纳几百个元器件和连线，并具备了一个完整的电路功能，由此可见它的优越性。

　　集成电路具有体积小、质量小、性能好、可靠性高、耗电低、成本低、简化设计、调整少等优点，给无线电爱好者带来了许多便利。

　　1. 分类

　　集成电路的类型很多，按工作性能不同，它们主要分为模拟集成电路和数字集成电路。

模拟集成电路从用途上可分为线性集成电路、非线性集成电路和功率集成电路。线性集成电路主要用来信号放大，如中频放大器、音频放大器、稳压器等，这些放大器在收音机、电视机等电器中得到了广泛应用。非线性集成电路主要用于信号的转化与加工，如收音机中的变频器、检波器、鉴频器等。功率集成电路大多数是线性集成电路，由于它的工作电压要求较高、工作电流要求大，因此把它单独列为一类，功率集成电路在收音机、录音机、电视机中有着重要的应用。

2. 型号

关于集成电路的型号（图 3-6-1），我国有关部门做了标准化规定。集成电路的型号由 5 部分组成，如表 3-6-1 所示。集成电路有了型号，就像一个人有了姓名，可以相互区别，如人们可以知道它的功能。

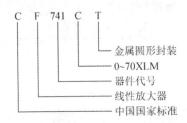

图 3-6-1　集成电路的型号

表 3-6-1　器件型号的组成

第 0 部分		第一部分		第二部分	第三部分		第四部分	
用字母表示器件符合国家标准		用字母表示器件的类型			用字母表示器件的工作温度范围		用字母表示器件的封装	
符号	意义	符号	意义		符号	意义	符号	意义
C	中国制造	T	TTL	用阿拉伯数字表示器件的系列和品种代号	C	0～70℃	W	陶瓷扁平
		H	HTL		E	−40～85℃	B	塑料扁平
		E	ECL		R	−55～85℃	F	全封闭扁平
		C	CMOS		M	−55～125℃	D	陶瓷直插
		F	线性放大器				P	塑料直插
		D	音响、电视电路				J	黑陶瓷直插
		W	稳压器				K	金属菱形
		J	接口电路				T	金属圆形

二、外形结构和引脚排列

我国对集成电路的外形结构有一定的规定，其电路引脚的排列次序也有一定的规律，正确认识它们的外形和引脚排列，是装配集成电路的一个基本功。

集成电路的外形结构有单列直插式、双列直插式、扁平封装和金属圆壳封装等，如图 3-6-2 所示。

（a）单列直插式　　　　（b）双列直插式

（c）扁平封装式

图 3-6-2　3 种封装形式

集成电路引脚排列序号的一般规律：集成电路的引脚朝下，以缺口或识别标志为准，引脚序号按逆时针方向排列 1、2、3、4 等，如图 3-6-3 所示。

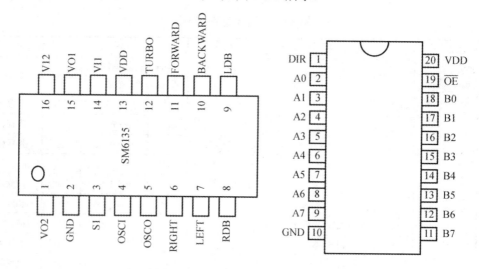

图 3-6-3　集成电路引脚排列序号

活动设计：认识集成电路

（1）活动形式：以小组为单位，分组进行。

（2）活动时间：20min。

（3）活动目的：掌握各种集成电路特点、性能，能够正确区分各种集成电路引脚排列规律，充分发挥学生的团队意识和操作水平。

（4）活动准备：5个集成电路。

（5）活动实施：识读集成电路型号和引脚。

任务评价表如表 3-6-2 所示。

表 3-6-2　任务评价表

序号	项目	配分	评价要点	自评	互评	教师评价	平均分
1	识读集成电路的型号	40	每错一个扣 4 分				
2	识读集成电路的引脚	40	每错一个扣 4 分				
3	用时在规定范围内	20	超过 20min 不得分				

任务七　其他元器件的识别与检测

『**教学知识目标**』

1. 掌握其他元器件的基本知识。

2. 掌握其他元器件的实物图形、主要参数。

3. 掌握其他元器件在电路中的功能。

『**岗位技能目标**』

1. 了解其他元器件的功能、性能、参数，正确选择和使用其他元器件。

2. 能够用万用表、电烙铁、热风枪、镊子等工具对其他元器件进行熟练的检测、拆装及维修。

『**职业素养目标**』

1. 通过实训教学，提高对其他元器件的认识。

2. 通过实训教学，了解其他元器件的功能，培养学生良好的职业习惯。

前面介绍过电阻器、电容器、电感器、二极管、晶体管、集成电路元器件。根据学校实

训室和课堂实训教学的实际，你作为本次任务的实施者现需对其他元器件进行学习和了解。这是因为其他元器件在电子电路中也是不可缺少。

一、扬声器、话筒

扬声器俗称喇叭，是收音机、录音机、音响设备中的重要元件。常见的扬声器有动圈式、舌簧式、压电式等，常用的是动圈式扬声器（又称电动式）。动圈式扬声器又分为内磁式和外磁式。因外磁式价格低廉，故通常外磁式用得较多。当音频电流通过音圈时，音圈产生随音频电流而变化的磁场，在永久磁铁的磁场中时而吸引时而排斥，带动纸盆振动发出声音。

音响用的扬声器大多要求大功率、高保真。为完美再现声响，扬声器又分为低音扬声器、中音扬声器、高音扬声器。低音扬声器的纸盆不再由单一的材料构成，出现了布边、尼龙边和橡皮边等，使纸盆更有弹性，低音更加丰富。高音扬声器使高音更加清晰。另外，还有一种全频扬声器，它将高、低音扬声器融为一体。

话筒有电容式、动圈式等，常用的话筒一般为动圈式。它是动圈式扬声器的反应用。

电子制作中常用的话筒是驻极体电容话筒，价钱低廉，音质较好，体积很小，如图 3-7-1 所示。

图 3-7-1　驻极体电容话筒

二、场效应管

场效应管是利用电场效应来控制电流变化的放大元件。它与晶体管相比，具有输入阻抗高、噪声低、热稳定性好等优点，因而迅速得到发展与应用。场效应管与晶体管同为放大器件，但工作原理不同：晶体管是电流控制器件，在一定条件下，集电极电流受基极电流控制，而场效应管是电压控制器件，电子电流受栅极电压控制。

场效应管可分两类：一类是结型场效应管；另一类是绝缘栅型场效应管，又称金属-氧化物-半导体绝缘栅型场效应管，简称 MOS 管。

根据沟道所采用的半导体材料不同，场效应管分为 P 型沟道场效应管和 N 型沟道场效应管两种。沟道就是电流通道。场效应管如图 3-7-2 所示。

图 3-7-2　场效应管

1. 结型场效应管

N 型沟道结型场效应管的基体是一块 N 型硅材料，为 N 型沟道。从基体引出两个电极分别称为源极（S）和漏极（D）。在基体两边各附一小片 P 型材料，其引出的电极称为栅极（G）。这样，在沟道和栅极之间形成了两个 PN 结，当栅极开路时，沟道就相当于一个电阻，不同型号的场效应管其阻值不相同，一般为数百欧到数千欧不等。

2. 绝缘栅型场效应管

绝缘栅型场效应管的特点是输入电阻高，便于做成集成电路。在一块 N 型硅片上有两个相距很近浓度很高的 P 型扩散区，分别为源极和漏极，在源区与漏区之间的硅片上，有一层绝缘二氧化硅，绝缘层上覆盖着金属铝，这就是栅极。栅极和其他电极之间是绝缘的，所以称为绝缘栅型场效应管。由于源、栅之间有一层氧化层，这种场效应管基本上没有栅极电流，因此输入阻抗非常高。

三、光耦合器

光耦合器是一种光电结合的半导体器件，是由发光器和受光器组成的一个称为"电—光—电"器件。当输入端有电信号输入时，发光器发光，受光器受到光照后产生电流，输出端就有电信号输出，实现了以光为媒介的电信号的传输。这种电路使输入端与输出端无导电的直接联系，有优良的抗干扰性能，广泛应用于电气隔离、电平转换、级间耦合、开关电路、脉冲耦合等电路。

常见的光耦合器有管式、双列直插式等封装形式。以光敏晶体管为例说明光耦合器的工作过程：光敏晶体管的导通与截止是由发光二极管所加正向电压控制的，当发光二极管加上正向电压时，发光二极管有电流通过而发光，使光敏晶体管内阻减小而导通；反之，当发光二极管截止时，发光二极管中无电流通过，光敏晶体管的内阻增大而截止。

四、保险元件

常用的保险元件有普通玻璃管熔丝、延迟型熔丝、熔断电阻和可恢复熔丝等，下面简单介绍各自的特点。

1．普通玻璃管熔丝

这种保险元件十分常用，其价格低廉，使用方便，额定电流从 0.1A 到数十安不等，尺寸规格主要有 18mm、20mm、22mm。

2．延迟型熔丝

延迟型熔丝的特点是能承受短时间大电流（浪涌电流）的冲击，而在电流过载超过一定时限后又能可靠地熔断。这种熔丝主要用在开机瞬时电流较大的电子整机中，如液晶电视机中就广泛使用了延迟型熔丝，其规格主要有 2A、3A、4A 等。延迟型熔丝常在电流规格前加字母 T，如 T2A，以区别于普通熔丝。

3．熔断电阻

熔断电阻又称保险电阻，是一种具有电阻和熔丝双重功能的元件，不过其电阻值通常较小，仅数欧，少数为几十欧或千欧。保险电阻大多起限流作用。保险电阻大多为灰色，用色环或数字表示阻值，额定功率由电阻尺寸大小决定，也有直接标在柱体上的。

4．可恢复熔丝

可恢复熔丝是由高分子材料及导电材料混合做成的过电流保护元件。在常温下，其阻抗很小，但在动作后会形成高阻状态，当故障排除后又自动返回低阻状态。依据能承受的最大电压，可恢复熔丝可分为多个系列，每个系列中又根据不同的工作电流，分为若干型号。在这里不做要求，在以后的学习中再详细讲解。

五、贴片元件

近年来，由于电子技术的飞速发展，能够把小阻值、小容量、小功率的电阻器、电容器、电感器、二极管、晶体管生产成贴片元件。它具有体积小、成本低的优点，广泛应用在电子电器中，受到了生产厂家和消费者的青睐。

活动设计：认识和检测特殊元器件

（1）活动形式：以小组为单位，分组进行。

（2）活动时间：40min。

（3）活动目的：加深对各种特殊元器件了解，掌握特殊元器件功能及应用，提高学生的技术水平。

（4）活动准备：扬声器、音响、场效应管、光耦合器、保险元件。

（5）活动实施：认识扬声器、音响、场效应管、光耦合器、保险元件，说明其功能。

任务考评

任务评价表如表 3-7-1 所示。

表 3-7-1　任务评价表

序号	项目	配分	评价要点	自评	互评	教师评价	平均分
1	说明特殊元器件的类型	40	每错一个扣 4 分				
2	说明特殊元器件的功能	40	每错一个扣 4 分				
3	用时在规定范围内	20	超过 40min 不得分				

项目四

直流稳压电源

项目概况

由于电子技术的特性，电子设备对电源电路的要求就是能够提供持续稳定、满足负载要求的电能，而且通常情况下要求提供稳定的直流电能。提供这种稳定的直流电能的电源就是直流稳压电源。直流稳压电源在电源技术中占有十分重要的地位。本项目将从直流稳压电源的结构、原理等方面进行分析探讨。

项目导入

很多电子爱好者初学阶段首先遇到的就是电源问题，否则电路无法工作、电子制作无法进行，学习就无从谈起。因此，掌握直流稳压电源的相关知识是非常必要的。同学们试想一下，我们要完成直流稳压电源的调测这项任务，应该具备什么素质和条件？

任务　直流稳压电源的调测

『**教学知识目标**』

1. 了解串联型稳压电源的结构。
2. 掌握可调串联型直流稳压电源的稳压原理。
3. 理解三端集成稳压电路。

『**岗位技能目标**』

1. 能指出可调串联型直流稳压电源电路的组成部分。
2. 熟悉可调串联型直流稳压电源。

『职业素养目标』

1. 培养学生严谨、认真和负责的态度。
2. 培养学生掌握专业技术的能力，以及敏锐的眼力、判断力和良好的执行力。

直流稳压电源是很多电子设备不可或缺的部分。根据学校实训室建设和课堂实训教学的实际，你作为本次任务实施者，现需对直流稳压电源的相关知识有所认识。

一、串联型稳压电源的基本结构

直流稳压电源是一种当电网电压波动或负载发生变化时，能保持输出直流电压基本不变的电路。交流电经二极管整流、电容滤波后，接入稳压电路以使输出电压稳定。最简单的稳压电路是利用稳压二极管实现电压稳定的电路。图 4-1-1 所示是利用稳压二极管构成的简单稳压电路，稳压极管工作在反向击穿状态其两端电压基本保持不变，负载 R_L 直接并联在稳压极管两端，所以该种稳压电路又称并联型稳压电路。采用稳压二极管稳定电压，优点是电路结构简单，缺点是带负载能力差，当负载较大时或变化范围较大时电压稳定性差。

提高电路的带负载能力是提高稳压电源性能的一项重要任务，而共集电极放大电路（射极输出器）的最大特点是输出电阻小，带负载能力强，因此可以在并联在稳压电路输出端接入一级共集电极放大电路。图 4-1-2 所示为改进型稳压电路形式，由于射极输出器的输出电压比基极电压低 0.7V 左右，而基极电压由稳压极管固定，因此发射极输出电压会保持稳定。电路中晶体管称为调整管，通过调整 c、e 间等效电阻实现负载电压稳定，晶体管实际上是串联在输入电压与负载之间，因此得名串联型稳压电源（又称串联型稳压电路）。

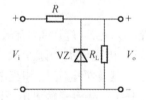
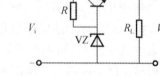

图 4-1-1 利用稳压二极管构成的简单稳压电路　　　图 4-1-2 改进型稳压电路形式

该电路的稳压原理是，当电网电压变化时（以 V_i 升高为例分析），V_i 电压升高导致输出电压 V_o 瞬时升高，由于晶体管的基极电位 V_B 恒定，晶体管的发射结电压 V_{be} 降低，基极电流 I_b 降低，集电极电流 I_c 降低，集电极与放射极间的等效电阻 R_{ce} 升高，管压降 V_{ce} 升高，从而使输出电压降低，抵消了因电网电压升高而上升的量，输出电压 V_o 保持稳定。当输入电压降低时，所有分析过程相反。

二、可调串联型直流稳压电源

由上述分析可以看出，输出电压的变化直接作用于调整管，这样的作用效果并不显著。为了提高作用效果，可以将输出电压先取样后进行放大，再作用到调整管，由此得到可调串联型直流稳压电源，如图 4-1-3 所示。

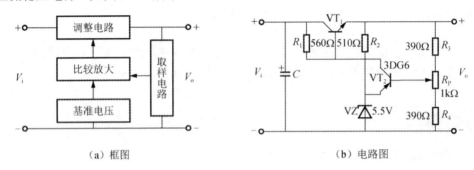

（a）框图　　　　　　　　　　（b）电路图

图 4-1-3　可调串联型直流稳压电源

1）电路结构

（1）取样电路。如图 4-1-3（b）所示，由电阻 R_3、R_4 和电位器 R_P 组成，其作用是对输出电压 V_o 进行分压，按比例将输出电压送到比较放大电路，其分压后送到放大管基极的电压称为取样电压。

（2）基准电压电路。由稳压二极管 VZ 和电阻 R_2 组成，其作用是为比较放大电路提供恒定的发射极电压，作为比较的基准，所提供的电压在数值上等于二极管的稳定电压 V_Z，称为基准电压。R_2 对稳压二极管起限流保护的作用。

（3）比较放大电路。由放大管 VT_2 和电阻 R_1 组成。在此，取样电压与基准电压进行比较将比较的结果放大后送到调整管 VT_1。这样可以大大提高控制的效果。

（4）调整电路。由 VT_1 和电阻 R_1 组成，它将比较放大电路送来的信号进行调控，从而实现对输电压的控制与调整。

2）稳压原理

当电网电压变化时（以升高为例分析），引起稳压电路输入电压 V_i 升高，输出电压 V_o 瞬时升高，经取样电路取样后的电压也升高，放大管 VT_2 的发射极电位 V_E 恒定，使发射结电压 V_{BE2} 升高，集电极电位 V_{C2} 降低，即调整管的基极电位降低，其基极电流 I_{b1} 和集电极电流 I_{c1} 降低，集电极与发射极间的等效电阻 R_{ce} 升高，管压降 V_{ce1} 升高，从而使输出电压降低，抵消了因电网电压升高而上升的量，则输出电压 V_o 保持稳定。

3）输出电压的调节

通过调节 R_P 可以调节输出电压 V_o，使其在一定范围内变化。对于取样电路，由于比较放大电路中晶体管的基极电流很小，可以忽略，因此取样电路就是一个简单的分压电路，其分压值为 V_{B2}：

$$V_{B2} = V_o \times \frac{R_4 + R_{P下}}{R_3 + R_P + R_4}$$

另外，该基电极电位位在数值上又等于基准电压与发射结压降之和，即

$$V_{B2} = V_Z + V_{BE2}$$

故输出电压可以表示为下式：

$$V_o = \frac{R_3 + R_P + R_4}{R_4 + R_{P下}} \times (V_Z + V_{BE2})$$

所以，只要调节电位器 R_P，就可以实现对输出电压 V_o 的调节。

三、三端集成稳压电路

分立元件的稳压电路具有组装麻烦、可靠性差、体积大等缺点。采用集成技术制作的集成稳压电路（或称集成稳压器）具有体积小、外部元件少、性能稳定可靠、使用方便、价格低廉等优点，因而被广泛使用。小功率的稳压电源以三端集成稳压器应用最为广泛。集成稳压器种类很多，按结构形式分为串联型、并联型、开关型，按输出电压类型分为固定式和可调式。

1）固定式三端集成稳压器

固定式三端集成稳压器输出电压为固定数值，分为正电压输出和负电压输出两种。

（1）正电压输出固定式三端集成稳压器常用类型为 W78×× 系列，其中 78 表示输出为正电压，×× 是输出电压的值。例如，W7805 表示输出+5V，W7812 表示输出+12V。目前，正电压输出固定式三端集成电路有 5V、6V、8V、12V、15V、18V、24V 等系列。W78×× 系列的电路连接如图 4-1-4 所示，W78×× 系列的外形与电极功能如图 4-1-5 所示。

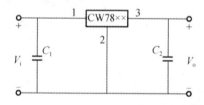

图 4-1-4　W78×× 系列的电路连接

图 4-1-5　W78×× 系列的外形与电极功能

1—输入端；2—公共端；3—输出端

（2）负电压输出固定式三端集成稳压器常用类型为 W79×× 系列，其中 79 表示输出为负电压，×× 是输出电压的值。例如，W7905 表示输出-5V，W7912 表示输出-12V。目前，负电压输出固定式三端集成稳压器有-5V、-6V、-8V、-12V、-15V、-18V、-24V 等系列。

对于负电压输出固定式三端集成稳压器，其型号和外形与正电压输出固定式三端集成稳压器是相同的，不同的是其引脚1为公共端（接地端）、引用 2 为输入端、引脚 3 为输出端。

2）可调式三端集成稳压器

可调式三端集成稳压器输出电压不仅稳定，而且可调，其性能优于固定式三端集成稳压器。可调式三端集成稳压器也分为正电压输出和负电压输出两种。

（1）正电压输出可调式三端集成稳压器的常用类型有 LW317 系列，输出电压为 1.2～35V 连续可调，输出电流为 0.5～1.5A。其型号中第一个数值表示使用的场合，1 为军工，2 为工业、半军工，3 为民用。其外形与电极功能如图 4-1-6 所示，1 脚为调整端、2 脚为输出端、3 脚为输入端。LW317 系列的电路连接如图 4-7 所示。

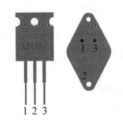

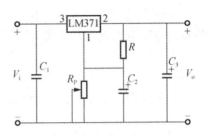

图 4-1-6　正电压输出可调式三端集成稳压器的外形
　　　　　　与电极功能

图 4-1-7　LW317 系列的电路连接

（2）负电压输出可调式三端集成稳压器的常用类型有 LW337 系列，输出电压为-35～
-1.2V，连续可调。负电压输出可调式三端集成稳压器的型号和外形与正电压输出可调式三端
集成稳压器是相同的，不同的是其引脚 1 为调整端、引脚 2 为输入端、引脚 3 为输出端。

 任务实施

活动设计：串联稳压电源的测试

（1）活动形式：以小组为单位，分组进行。

（2）活动时间：40min。

（3）活动目的：加深对直流稳压电源的了解，掌握其功能及应用，提高学生的技术水平。

（4）活动准备：电阻器、电容器、晶体管、稳压二极管等。

按图 4-1-8 所示电路，连接并测试。

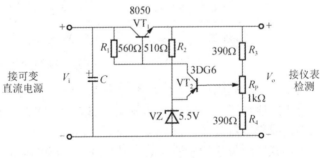

图 4-1-8　电路

（5）活动实施：

① 逐渐调节可调直流流电源的调节旋钮，使输入电压在 1～15V 的范围内逐渐增大，观
察输出电压如何变化。

② 固定输入电压为 10V 左右，调节电位器，观察输出电压如何变化。

③ 先将输入电压调至 12V，将电位器调节到使输出电压为 5V 的位置，调节输入电压在
9～15V 的范围内变化，观察输出电压如何变化，计算输出电压相对输入电压的变化量。

任务评价表如表 4-1-1 所示。

表 4-1-1 任务评价表

序号	项目	配分	评价要点	自评	互评	教师评价	平均分
1	说明调节可调直流流电源的调节旋钮时输出电压的变化情况	20	每错一处扣 4 分				
2	说明调节电位器时输出电压的变化情况	20	每错一处扣 4 分				
3	说明调节输入电压时输出电压的变化情况	20	每错一处扣 4 分				
4	计算输出电压相对输入电压的变化量	20	每错一处扣 4 分				
5	用时在规定范围内	20	超过 40min 不得分				

串联型稳压电源调整管工作在输出特性的放大区，功耗较大，需要加较大的散热装置，增大了电源设备的体积和质量，导致电源的效率降低。为了克服这一缺点，在现代电子设备中广泛采用开关型稳压电源。开关型稳压电源将直流电压通过半导体开关器件（调整管）先转换成高频脉冲电压，再经滤波得到脉动较小的直流输出电压。开关型稳压电源的调整管工作在开关状态，具有功耗小、效率高、体积小、质量小等特点，得到了广泛的应用。

1. 开关型稳压电源的电路结构

开关型稳压电源的电路结构框图如图 4-1-9 所示。

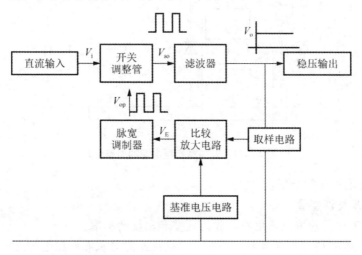

图 4-1-9 开关型稳压电源的电路结构框图

开关型稳压电源由开关调整管、滤波器、比较放大、取样、基准电压和脉宽调制器等组成。开关调整管是一个由脉冲控制的电子开关，当控制脉冲 V_{op} 出现时，电子开关闭合，$V_{so}=V_i$；无控制脉冲时，电子开关断开，$V_{so}=0$。开关的开通时间 t_{on} 与开关周期之比称为脉冲电压 V_{so} 的占空比，如图 4-1-10 所示。

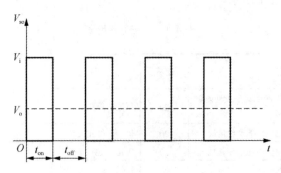

图 4-1-10　占空比示意图

所以，输出电压平均值的大小与占空比成正比，即

$$V_o = \frac{t_{on}}{T} V_i$$

滤波器由电感器和电容器组成，对脉冲电压 V_{so} 进行滤波，得到脉动很小的输出电压 V_o。输出电压 V_o 的取样电压与基准电压在比较放大中比较并放大，其误差电压作为脉冲调制器的输入信号，自动调整控制开关信号的占空比，从而得到稳定输出电压。

2. 开关型稳压电源的电路原理

开关型稳压电源的电路原理如图 4-1-11 所示。

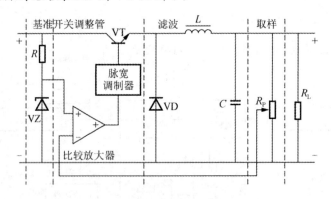

图 4-1-11　开关型稳压电源的电路原理

其电路主要元件介绍如下。

（1）VT 为开关调整管。

（2）R 和 VZ 组成基准电压电路，作为调整和比较的标准。

（3）电位器 R_P 对输出电压取样，并送入比较放大器与基准电压进行比较。这里的比较放大器采用运算放大器。

（4）滤波器由电感 L、电容 C 和二极管 VD 组成。

当开关调整管 VT 导通时，VT 向负载 R_L 供电，同时为电感 L、电容 C 充电，此时电感 L 储存能量。当控制信号使开关调整管截止时，电感 L 储存的能量通过二极管 VD 向负载放电，电容 C 同时向负载放电，负载获得连续的工作电压。

3．开关型稳压电源稳压原理

当输入电压或负载变动时，如引起输出电压升高，导致取样电压升高，比较放大器的输出电压下降，从而控制脉宽调制器的输出信号的高电平脉宽变窄，开关调整管的导通时间变短，即输出电压的占空比减小，使输出电压回落，抵消因输入电压或负载变动引起的输出电压升高，使输出电压保持稳定。当输出电压降低时，分析过程相反。

电子产品整机的检验和包装

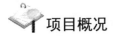

项目概况

电子产品经过前期的装配调试等工序后，要根据产品的设计技术要求和工艺要求进行必要的检验（质量检验和验收），检验合格后进行包装，之后才能入库或出厂。本项目将从电子产品整机检验和包装两个方面进行介绍。电子产品整机检验主要介绍检验的意义、作用、依据、流程、方法等；电子产品整机包装主要介绍包装的种类、基本原则、包装前准备、包装材料等方面的内容。

项目导入

相信大部分同学有购买计算机、手机等电子产品的经历。无论你是通过网络购买还是实体店购买，拿到产品后，首先会检查产品质量的好坏，外观有无破损。而要保证电子产品具有良好的质量与外观，需要在产品生产过程中执行严格的检验工序；同时为呈现给用户良好的品质，应进行科学的产品包装，保护好产品外观，方便存储和运输。同学们试想一下，要对电子产品整机进行检验和包装，应该具备什么素质和条件？

任务一 电子产品整机检验

『**教学知识目标**』

1. 了解检验的意义和作用。
2. 了解电子产品检验的依据。
3. 理解整机检验的方法、内容。

『岗位技能目标』

1. 了解整机检验的流程。
2. 熟悉检验种类，能对检验结果进行判定。
3. 能够制定检验方案。

『职业素养目标』

1. 培养学生严谨、认真和负责的态度。
2. 培养学生掌握专业技术的能力，以及敏锐的眼力、判断力和良好的执行力。

电子产品的检验是电子产品制造过程中的最后一道工序，掌握电子产品的检验技能对于生产电子产品的人员来说是一项必不可少的要求。它是指利用一定的手段对电子产品进行观察、试验、测定出各项技术指标，以确定产品是否合格。根据学校实训室和课堂实训教学的实际，你作为本次任务的实施者现需对电子产品整机检验的相关知识有所认识。

一、检验

检验是指利用一定的手段测定出产品的质量特性，并与各种标准或双方制定的技术协议等规定的参数进行比较，然后做出产品是否合格的判定。

二、检验的作用

（1）通过检验确认产品合格与否，确保不合格产品不出厂，为用户提供质量保证。
（2）通过对在制产品进行检验，发现生产过程中的异常情况，及时进行工艺调整。
（3）检验结果形成的检验记录和报告是判定产品合格的证实性材料。

三、检验的依据

检验是对产品的符合性做出的判定，"符合性"中所包含的具体内容和要求，就是检验的依据，因此，在检验过程中必须具备用于比较的标准文本文件。

目前，电子行业所使用的各级标准主要如下。

1. 国际标准

相关的国际标准有国际标准化组织发布的标准（ISO 标准）、国际电工委员会发布的标准（IEC 标准），如 ISO 14534：2002《眼科光学 隐形眼镜和接触透镜保护产品 基本要求》，IEC 61842：2002《语音通信用传声器和耳机》。

2. 国家标准

我国国家标准有强制性标准和推荐性标准之分，具体介绍如下。

强制性标准（GB 标准），属于必须执行的标准，如 GB 8898—2011《音频、视频及类似电子设备 安全要求》。

推荐性标准（GB/T 标准），属于自愿采用的标准，如 GB/T 2423.3—2016《环境试验 第 2 部分：试验方法 试验 Cab：恒定湿热试验》。

3. 行业标准

行业标准是行业范围内所依的技术要求，对电子产品来说，主要是部颁标准及相关检验、监督机构发布的标准。

4. 企业标准

企业标准是企业针对没有国家标准和行业标准的产品所制定的，作为组织生产依据的标准。企业标准只在生产企业内部使用，需经主管部门审批。

四、电子产品整机检验的流程

电子产品整机检验的流程介绍如下。

（1）制定标准：根据产品特性的不同，采用或制定相关的检验标准。

（2）抽样：在一批产品中，按规定随机抽取样品或全部进行测试。

（3）测定：采用测试、试验、化验、分析等多种方法实现产品的测定。

（4）比较：将测定结果与质量标准进行对照，明确结果与标准的一致程度。

（5）判断：根据比较的结果，判断产品达到质量要求的为合格，反之为不合格，进而将合格品分等级。

（6）处理：对于被判为不合格的产品，视其性质、状态和严重程度，区分为返修品、次品或废品等。

（7）记录：记录测定的结果，填写相应的质量文件，以反馈质量信息，评价产品，推动质量改进。

五、整机检验的方法

（一）按检验数分类

1. 全数检验

全数检验是对产品进行百分之百的检验。一般只对可靠性要求特别高的产品、试制品及在生产条件、生产工艺改变后生产的部分产品进行全数检验。

2. 抽样检验

抽样检验是从待检产品中抽取若干件产品进行检验，即抽样检验。抽样检验是目前生产中广泛采用的一种检验方法。

3. 免检

免检就是对在一定条件下生产出来的全部产品免于检验。特别要注意的是，免检并非放弃检验，应加强生产过程质量的监督，一有异常，采用有效措施，以防止不合格品出现。

（二）按检验人责任分类

按检验人责任分类，整机检验的方法有专检、自检、互检。

（1）专检就是由专业检验人员进行的检验，是现代化大生产劳动分工的客观要求。它是互检和自检不能替代的。

（2）自检是生产工人在产品制造过程中，按照质量标准和有关技术文件的要求，对自己生产中产品或完成的工作任务，按照规定的时间和数量进行自我检验，主动地把不合格品挑出来，防止流入下道工序。

（3）互检是生产工人之间对生产的产品或完成的工作任务进行相互的质量检验。

（三）按工序流程分类

按工序流程分类，整机检验的方法有 IQC、IPQC、FQC、OQC、驻厂 QC。

（四）按检验场所分

按检验场所分类，整机检验的方法有工序专检和线上巡检、外发检验、库存检验、客处检验。

六、电子产品整机的检验项目（指标）

电子产品整机的检验项目如下。

（1）性能：实现产品功能所具备的技术特性，包括使用性能、力学性能、理化性能等。

（2）可靠性：产品在规定的时间内和规定的条件下无故障工作的性能，包括平均寿命、失效率和平均维修时间间隔等。

（3）安全性：产品在使用过程中保证安全的程度。

（4）适应性：产品对自然环境条件的适应能力，如对温度、湿度和酸碱度等。

（5）经济性：产品的成本和维持正常工作的消耗费用等。

（6）时间性：产品进入市场的适时性，售后及时提供技术支持和维修服务等。

七、电子产品整机的检验时间

电子产品整机的检验时间如下。

（1）入库前的检验。

（2）生产过程中的检验。

（3）整机完成后的检验。

八、电子产品整机检验的内容

整机检验内容主要包括外观检验和电气性能检验两大部分。

1. 外观检验

外观检验是用直观法检验产品是否整洁，面板和机壳表面的涂覆层、装饰件、标志及名牌等是否齐全，有无损伤；产品的各种连接装置是否完好；各金属件有无锈斑；结构件有无变形、断裂；表面丝印、字迹是否完整、清晰；量程是否符合要求；转动机构是否灵活；控制开关是否到位等。

2. 电气性能检验

电气性能检验是根据电子产品的技术指标和国家或行业的质量标准，选择符合标准的仪器、设备所进行的检验，包括一般条件下的整机电气性能参数和极限条件下的各项指标检验。

（1）整机电气性能参数检验：通过符合规定精度要求的仪器和设备来测试产品的各项技术指标是否符合设计要求，判断产品是否达到现行国家或行业标准规定的各种电子产品的基本要求。

（2）极限条件下的各项指标检验：又称例行检验，一般只对小部分产品进行，主要包括对整机进行老化测试和环境试验。

① 老化测试：让电子产品长时间通电连续工作，检测其性能是否仍符合要求，测量其平均无故障工作时间，分析总结故障的特点，及早发现生产过程中存在的潜在缺陷，找出它们的共性问题及时解决。老化测试包括静态老化测试和动态老化测试。

② 环境试验：评价、分析环境对产品影响的试验，通常是在模拟产品可能遇到的各种自然条件下进行的，是一种检验产品适应环境能力的试验。环境试验包括机械试验、气候试验、运输试验、寿命试验、特殊试验、现场使用试验。

九、质量检验结果的描述

质量检验结构一般有以下几种描述方法。

（1）不合格：未满足要求。

（2）缺陷：未满足与预期或规定用途有关的要求。

（3）返工：使不合格产品满足预期用途而对其所采取的措施。

（4）让步：对使用或放行不符合规定要求的产品的许可。

任务实施

活动设计：DVD 视盘机检验

（1）活动形式：以小组为单位，分组进行。

（2）活动时间：40min。

（3）活动目的：促进学生对电子产品整机检验环节的认识，培养合作学习精神，并锻炼学生动手能力。

（4）活动准备：多制式电视机、示波器、毫伏表、DVD 视盘机及其说明书、国家标准 GB 8898—2011、《DVD 视盘机行业自律通用规范》、各种测试碟片、防静电手环、测试工装。

（5）活动实施。

① 领取任务。领取任务，分析任务，明确任务的目标与要求。

② 规划任务。进行任务规划设计，制订工作计划。

③ 准备检测设备、物料、文件。

④ 质量检验。按照验收标准和验收方法对整机进行质量检验，合格与否判依据见《DVD 视盘机行业自律通用规范》中表 7。

步骤一：外观检验如表 5-1-1 所示。

表 5-1-1　外观检验

检查项目	检查内容	合格	不合格分类		
			A	B	C
外观检验	（1）机壳（开裂、变形、损伤、脱漆、毛刺、脏污、锈蚀）； （2）接缝（平整度、配合间隙）； （3）面板装配（松动或缺少紧固螺钉）； （4）名牌、商标、装饰件（漏装、错装、脱装、翘起）； （5）功能键或插口（有无标记、标记是否正确、清晰）； （6）机壳标牌（生产厂名、标记）				

步骤二：功能检验如表 5-1-2 所示。

表 5-1-2　功能检验

检查项目	检查内容	合格	不合格分类		
			A	B	C
功能、控制键	（1）功能键、控制键、开关等活动部件（是否失灵、损坏、过松、过紧、明显变形、接触不良）； （2）插头插孔（是否失效、接触不良）； （3）功能电位器（有无明显的死点、跳变）； （4）功能指示灯（是否亮）； （5）熔丝（是否完好）； （6）有无瞬时故障（指故障发生后不加外力或改变原有应力能自行恢复的故障）； （7）立体声、左右声道（是否接反或反相）				
功能	（1）转速（是否失常或不转）； （2）视频或音频（有无输出，或输出时有时无、失真严重、杂波或噪声大等现象）； （3）打开盒门/关闭盒门机器是否正常； （4）功能正常（重放、暂停、停止、重复播放、搜索、显示、清除、编程、模式选择等）				
其他	（1）机箱内有无异物； （2）电源线（破损、插头是否合格）				

步骤三：性能测试如表 5-1-3 所示。

表 5-1-3　性能测试

检查项目	检测数据	质量判别	
		合格	不合格
机型			
碟片类型			
输出负载			
音频输出			
两路不平衡度			
频响范围			
信噪比			
长读取时间			
短读取时间			

对电子产品整机进行性能测试，测试内容与方法参照《DVD 视盘机行业自律通用规范》或作业指导书，其技术指标应符合标准中表 1 和产品说明书规定。

CD 测试：

a. 打开盒门，放入 CD782 测试片，关闭盒门，读总曲目时间小于 10s。显示屏显示正确，既不多笔画，又不少笔画。

b. 检查第 5 曲信号（1kHz），输出幅度约为 1V，两路不平衡度不大于 1.5dB。

c. 选择第 4 曲（127Hz）和第 7 曲（19.997kHz），这时应有不失真信号输出，并且 4 曲和 7 曲输出幅度应基本一致，左右声道平衡度不大于 1dB。

d. 选择第 10 曲和第 12 曲，选择第 10 曲时左声道有 10kHz 信号输出，右声道无输出，选择第 12 曲时右声道有 10kHz 信号输出，左声道无输出，两声道应无串音，信噪比不小于90dB。

e. 如实记录测试数据，分析检测数据，并判定该项指标是否合格，如不合格，判断其缺陷类别。

DVD 演示碟：打开盒门，放入 DVD 演示碟片，关闭盒门，机器应能正常读出总曲目，读曲目时间小于 10s，同时不应有自动开、关动作发生。拍击整机，播放 DTS 段落（试听时间不得少于 5s），COAXIAL1、COAXIAL2 输出的声音流畅，清晰不失真，无杂音，电视机上应有正常清晰的视频图像，无马赛克、打顿及色彩偏差现象。

卡拉 OK 功能检查：

a. 打开盒门，放入卡拉 OK 碟片，关闭盒门，读总曲目时间小于 10s。视频要有正常的图像输出，音箱分别有不失真，不阻塞的音频信号输出。

b. 插入话筒，MIC 应有不失真，不阻塞的音频信号输出，混响深度调节由小到大慢慢变化，注意混响自激。

c. 检查话筒混响旋钮、音量旋钮无打顿卡死现象。

步骤四：判定和处置。分析检测数据，判定该产品是否合格，发现不合格，要求进行故障分析、修复后再次检测。

任务考评

任务评价表如表 5-1-4 所示。

表 5-1-4　任务评价表

序号	项目	配分	评价要点	自评	互评	教师评价	平均分
1	任务规划、作业计划合理	15	每错一处扣 3 分				
2	外观检查	15	每错一处扣 3 分				
3	功能检查	15	每错一处扣 3 分				
4	性能测试	15	每错一处扣 3 分				
5	项目汇报	20	每错一处扣 4 分				
6	工具摆放、文件归档规范	10	每错一处扣 2 分				
7	用时在规定范围内	10	超过 40min 不得分				

任务二　电子产品整机包装

任务目标

『教学知识目标』

1. 认识电子产品整机包装的种类、材料、标志。
2. 理解电子产品整机包装前的准备、包装要求。

『岗位技能目标』

1. 了解电子产品整机包装的流程。
2. 能按照工艺要求对电子产品进行包装。

『职业素养目标』

1. 培养学生的卫生意识。
2. 培养学生认真、严格遵守包装工艺规程的习惯。

任务导入

电子产品整机包装是入库前的最后一道工序，其一方面是为了在运输、储存和装卸过程中起保护物品的作用，另一方面是为了介绍产品、宣传企业。根据学校实训室和课堂实训教学的实际，你作为本次任务的实施者现需对电子产品整机包装有一定的认识。

一、整机包装的种类

（一）运输包装

运输包装即产品的外包装，它的主要作用是保护产品以承受流通过程中各种机械因素和气候因素影响，确保产品数量和质量，使产品完整无损地送到消费者手中。

（二）销售包装

销售包装即产品的内包装，它是与直接消费者面对的一种包装，其作用不仅是保护产品，便于消费者使用和携带，而且还有美化商品和广告宣传的作用。

（三）中包装

中包装起到计量、分隔和保护产品的作用，是运输包装的组成部分，但也有随同产品一起上架展示给消费者的，此时，这类包装应视为销售包装。

二、包装的基本原则

产品的包装要符合科学、经济、美观、适销、环保的原则，其外包装、内包装和中包装是相互影响、不可分割的一个整体。

（1）包装是一个体系。

（2）包装是生产经营系统的一个组成部分，过分包装和不完善包装均会影响产品的销路。

（3）产品是包装的中心，产品的发展和包装的发展是同步的。良好的包装能增加产品的吸引力，但再好的包装也掩盖不了劣质产品的缺陷。

（4）包装具有保护产品、激发购买力、为消费者提供便利三大功能。

（5）经济包装以最低的成本为目的。

（6）包装必须标准化。

（7）包装既是一门科学，又是一门艺术。产品包装必须根据市场动态和客户喜好，在变化的环境中不断改进和提高。

（8）节约有限资源，使用合适的包装，防止污染物超标，促进降解和易回收材料的应用，实行绿色包装。

三、电子产品包装前的准备

（一）电子产品外表的清洁

经检验合格的电子产品，在包装前应消除外表面污垢、油脂、指纹和汗渍等。在包装过程中也要继续保持整洁，不受污染。

（二）包装箱的清洁

保持包装箱外表的清洁，清除包装箱内的异物和尘土。

四、包装材料

根据包装要求和产品特点，选择合适的包装材料。

（1）木箱。

（2）纸箱。

（3）缓冲材料。缓冲材料的选择应以最经济并能对电子产品提供保护为原则。

（4）防尘、防湿材料。防尘、防湿材料可以选用物化性能稳定、机械强度大、透湿率小的材料，如有机塑料薄膜、有机塑料袋等密封式或外密封包装。为了使包装内空气干燥，可以使用硅胶等吸湿干燥。

五、电子产品整机的包装要求

（一）防护要求

（1）电子产品整机经过合适的包装应能承受合理的堆压和撞击。

（2）对电子产品整机要合理压缩包装体积。

（3）电子产品整机包装要有防尘功能。

（4）电子产品整机的包装要有防湿功能。

（5）电子产品整机的包装要具备缓冲功能。

（二）装箱要求

（1）电子产品整机在装箱时，应先清除包装箱内的异物和尘土。

（2）装入包装箱内的电子产品整机不得倒置。

（3）装入箱内的电子产品整机，其附件和衬垫及使用说明书、装箱明细表、装箱单等内装必须齐全。

（4）装入箱内的电子产品整机、附件和衬垫不得在箱内任意移动。

（三）封口和捆扎

当采用纸包装时，用 U 形钉或胶带将包装箱下封口封合，必要时，对包装件选择合适规格的打包带进行捆扎。

六、包装的标志

包装的标志应包括以下内容。

（1）产品名称及型号、规格、数量。

（2）商品名称及注册商标图案。

（3）产品主体颜色。

（4）出厂编号、生产日期。

（5）箱体外形尺寸、净重、毛重。

（6）商标、生产厂名称。

（7）储运标志，按照国家标准的有关标志符号图案的规定，正确选用。

（8）条形码，它是销售包装加印的符号条形码。

七、电子产品包装的防伪标志

许多产品的包装一旦打开，就再也不能恢复原来的形状，起到了防伪的作用。电子产品包装的防伪标志有激光防伪标志、条形码防伪标志。

八、整机包装工艺流程

整机包装工艺流程如图 5-2-1 所示。

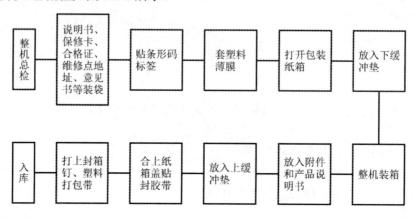

图 5-2-1　整机包装工艺流程

活动设计：彩色电视机整机包装

（1）活动形式：以小组为单位，分组进行。

（2）活动时间：40min。

（3）活动目的：促进学生对电子产品整机包装环节的认识，培养学生动手能力。

（4）活动准备：彩色电视机整机包装需要的物品。

（5）活动实施。

① 将彩色电视机说明书、合格证、维修点地址簿、三联保修卡、用户意见书装入胶袋中，用胶纸封口。

② 将条形码标签贴在随机卡、后壳和保修卡上；用透明胶纸把保修卡贴在电视机的后上方；将电源线折弯理好装入胶袋，用透明胶纸封口，摆放在工装板上。

③ 将下包装纸箱成形，用胶纸封贴 4 个接口边，将其放在送箱的拉体上。

④ 取上包装纸箱，在指定位置贴上条形码标签，用印台打印上生产日期，在整机颜色栏内用印章打印。

⑤ 将上包装纸箱成形，在包装箱的上部两边，用打钉机各打一颗箱钉，将包装箱放在送箱的拉体上。

⑥ 将下缓冲垫放入下纸箱内，将胶袋放入纸箱上，开启自动吊机，将胶袋打开，扶整机入箱后，封好胶袋。

⑦ 将上缓冲垫按左右方向放在电视机上；将配套遥控器放入缓冲垫上的指定位置，并用胶纸贴牢；将附件袋放入电视机旁边，并盖好纸板。

⑧ 将上纸箱套入包装整机的纸箱上，将包装箱上的 4 个提手分别装入纸箱两边的指定位置，将箱体送入自动封胶机密封。

任务考评

任务评价表如表 5-2-1 所示。

表 5-2-1　任务评价表

序号	项目	配分	评价要点	自评	互评	教师评价	平均分
1	胶袋中放置物品齐全	13	每错一处扣 3 分				
2	条形码、保修卡粘贴位置正确	13	每错一处扣 3 分				
3	产品包装正确	38	每错一处扣 3 分				
4	缓冲垫设置正确	12	每错一处扣 3 分				
5	包装箱密封严密	12	每错一处扣 2 分				
6	用时在规定范围内	12	超过 40min 不得分				

电子产品整机装配与调试

 项目概况

"电子产品装配与制作"课程是中等职业学校电子类专业核心的技能课程，强调理论知识和动手能力的有机结合，通过制作实际的电子产品，训练学生电子产品装配和调试的综合能力。本项目将从装配和调试生活中常用、简单的电子产品开始学习电子产品装调的知识和技能。

 项目导入

前面的项目中我们学习了工具的使用方法、识读整机工艺文件的方法等知识，本项目我们将应用这些学过的知识和技巧，从装配和调试生活中常用的电子产品开始开启精彩的电子产品制作之旅！

任务一　稳压电源的装配与调试

『**教学知识目标**』

1. 学习线性稳压电源的电路结构。
2. 学习稳压电源装配和调试的方法。

『**岗位技能目标**』

1. 能够正确装配和焊接电子产品。
2. 能够正确使用调试工具和仪器。
3. 能排除装配中出现的故障。

『**职业素养目标**』

1. 通过学习和实训，不断提高对电子产品装配和调试的兴趣。
2. 通过学习工具、仪器的使用，不断培养学生严谨、科学的职业情操。

电子线路都需要电源，我们装配的很多电子产品也需要稳定的直流电源，本次任务我们先装配、调试一个稳压电源，以学习电源电路的相关知识，并为后续制作的电子产品（电路）提供电源。

一、电路原理分析

图 6-1-1 是本次制作产品的电路原理图，其中 T 为降压变压器，它的作用是把 220V 交流电降为 12V 左右，同时使后续电路与市电隔离以保证制作和使用的安全性。VD_1、VD_2、VD_3、VD_4 构成桥式整流电路，将交流电转换成脉动直流电压，开关 S 为后续电路的通、断电控制元件。C_1、C_2 为滤波电容，对整流后电压进行滤波，减小波动。LM317、R_1 及可调电阻 R_3 构成稳压调压电路，VD_5、VD_6 保护 LM317 使用安全，C_4、C_3 对稳压后的电压滤波，降低输出电压的纹波。P_1 为数码管电压表，可测量显示输出电压，方便调节输出电压。

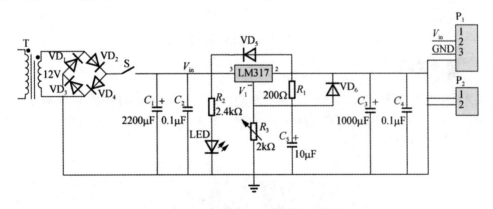

图 6-1-1　本次制作产品的电路原理图

二、重要元件提示

LM317 是广泛使用的可调式三端集成稳压器，具有调压范围宽、稳压性能好、噪声低、纹波抑制比高等优点。其常见外形如图 6-1-2 所示。

LM317 标准应用电路如图 6-1-3 所示，在忽略调整电流 I_{Adj} 的情况下稳压器的最终输出电压可由公式 $V_{out}=1.25(1+R_2/R_1)$ 确定，从式中来看，R_1 为固定电阻，调节 R_2 的电阻值可以调节输出电压。

图 6-1-2　LM317 常见外形

1—调节端；2—输出端；3—输入端

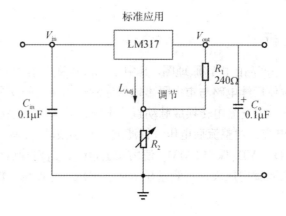

图 6-1-3　LM317 标准应用电路

三、装调说明

本次制作采用带外壳的制作套件，外壳采用透明材料制成，方便制作时观察元件、外壳部件装配情况，同时在作品评价时方便教师检查。图 6-1-4 是外壳尺寸示意图。图 6-1-5 是套件元件布局图和 PCB 尺寸图。

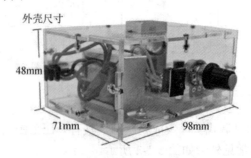

图 6-1-4　外壳尺寸示意图

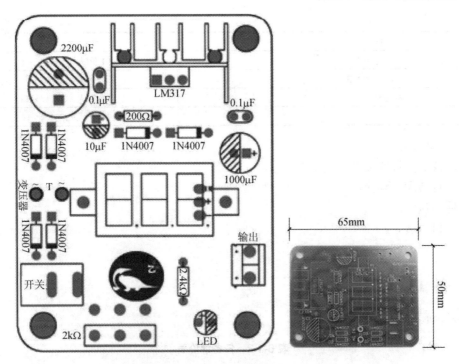

图 6-1-5　套件元件布局图和 PCB 尺寸图

装调注意事项：

（1）元件对号入座，注意极性元件的方向。

（2）装配时一般按先低矮、后高大，先轻便、后笨重的顺序进行。

（3）注意变压器、散热片、开关等元器件的空间位置关系。

（4）在制作完成，检查无误后方可通电，通电后电源指示灯亮，数码管显示输出电压，调节可调电阻可改变输出电压值。

活动设计：可调直流稳压电源的装配和调试

（1）活动形式：每个学生独立完成装配和调试。

（2）活动时间：120min。

（3）活动目的：综合训练电子产品的装配和调试能力。

（4）活动准备：材料准备如表 6-1-1 所示。

表 6-1-1　材料准备

材料名称	数量
可调直流稳压电源制作套件（电路板和元件）	1 套/人
电路图	1 份/人

续表

材料名称	数量
装配图	1 份/人
元件清单	1 份/人
常用电子装调工具	1 套/人
实训报告	1 份/人

（5）活动实施：

① 阅读装配说明文件，明确注意事项。

② 元件装配、焊接。

③ 通电调测。

④ 整机总装。

任务考评

任务评价表如表 6-1-2 所示。

表 6-1-2　任务评价表

序号	项目	配分	评价要点	自评	互评	教师评价	平均分
1	装配工艺	30	每错一处扣 5 分				
2	焊接工艺	30	每错一处扣 5 分				
3	产品功能	20	每错一处扣 4 分				
4	实训报告	10	每错一处扣 2 分				
5	用时在规定时间内	10	超过 120min 不得分				

任务二　报警器的装配与调试

任务目标

『教学知识目标』

1. 学习报警器电路的基本知识。

2. 学习报警器装配和调试的方法。

『岗位技能目标』

1. 能够正确的装配和焊接电子产品。

2. 能够正确使用调试工具和仪器。

3. 能排除装配中出现的故障。

『职业素养目标』

1. 通过学习和实训，不断提高对电子产品装配和调试的兴趣。
2. 通过学习工具、仪器的使用，不断培养学生严谨、科学的职业情操。

报警器是生活中常见的电子产品，当发生异常情况时可发出报警信号。本次我们将自己动手制作一个感应异常振动的报警器，它在外界有异常振动时会发出警报声。本报警器调试好后，灵敏度高，声音响亮，警戒效果好。

一、电路原理分析

图 6-2-1 是本次制作产品的电路原理图，该电路主要由 NE555 单稳态触发电路和 CL9561 报警芯片电路构成。

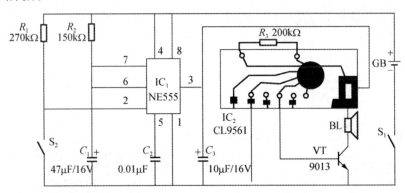

图 6-2-1 本次制作产品的电路原理图

当按下 S_1 接通电源后，报警器电路进入警戒状态。正常情况下，S_2 处于断开状态，NE555 的 2 号引脚通过 R_1 上拉为高电平，3 号引脚输出低电平，IC_2 芯片无工作电压，报警电路不工作，NE555 内部使 7 号引脚下拉至地电位，C_1 无法充电，电路处于稳态；当外界有振动使 S_2 接通时，2 号引脚下拉到地电位，使 3 号引脚输出高电平，IC_2 音乐芯片得电，报警电路开始工作，同时芯片内部动作使 7 号引脚与地成高阻状态，C_1 通过 R_2 开始充电，当充电至 2/3 电源电压时，3 号引脚输出低电平，IC_2 音乐芯片失去工作电压，停止工作，芯片内部再次使 7 号引脚下拉至地电位，C_1 通过 7 号引脚对地放电，电路再次归于稳态直到下次触发。

IC_2 音乐芯片发出的报警信号很微弱，不足以推动扬声器 BL 发声，这个信号经过 VT 进行功率放大后使扬声器发出响亮的报警声。

二、重要元件提示

NE555 定时器是一种多用途的数字/模拟混合集成电路,利用它能方便地构成施密特触发器、单稳态触发器与多谐振荡器。NE555 定时器引脚如图 6-2-2 所示。

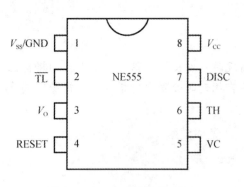

图 6-2-2　NE555 定时器引脚

它的各个引脚功能如下。

1 脚:外接电源负端 V_{SS} 或接地,一般情况下接地。

2 脚:低触发端 $\overline{TL}$ 。

3 脚:输出端 V_o。

4 脚:直接清零端。当此端接低电平时,时基电路不工作,此时无论 $\overline{TL}$ 、TH 处于何电平,时基电路输出 0,此端不用时应接高电平。

5 脚:控制电压端。若此端外接电压,则可改变内部两个比较器的基准电压。当此端不用时,应将其串入一只 0.01μF 电容接地,以防引入干扰。

6 脚:高触发端 TH。

7 脚:放电端。该端与放电管集电极相连,用于定时器电容的放电。

8 脚:外接电源 V_{CC},双极型时基电路 V_{CC} 的范围是 4.5～16V,CMOS 型时基电路 V_{CC} 的范围为 3～18V。一般用 5V。

在本次制作中,NE555 定时器和外部电路连接成单稳态触发电路,其工作波形如图 6-2-3 所示。

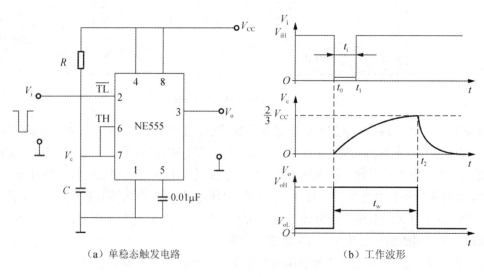

（a）单稳态触发电路　　　　　（b）工作波形

图 6-2-3　工作波形

音乐芯片 KD9561/CL9561 是四声报警集成电路芯片,它采用黑胶封装形式集成在印制电路板上,并留有外接功率放大晶体管和振荡电阻的焊接插孔,其接线方式如图 6-2-4 所示。

控制端1、2分别接不同的电位时，可以产生不同的4种声音，如表6-2-1所示。

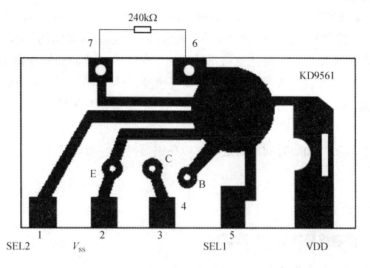

图6-2-4 接线方式

表6-2-1 发出声音

SEL1	SEL2	输出声音
不接	不接	警车声
V_{DD}	不接	火警声
V_{SS}	不接	救护车声
任意接	V_{DD}	机关枪声

三、元件布局及装配说明

图6-2-5是报警器的元件安装布局图，需要特别注意：

（1）两个电容 C_1 和 C_3 的安装方式和机壳在空间位置上有无冲突。

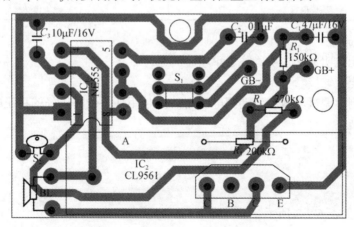

图6-2-5 报警器的元件安装布局图

（2）IC$_2$ 音乐芯片应对准电路板字符的各个孔位并紧贴电路板，将晶体管 VT 相对应的引脚位和电阻 R_3 穿过报警片插在电路板上焊接好，R_3 只焊报警芯片这一面，VT 应双面焊接；另外 A 点也应双面焊接，它连接 NE555 的 3 号引脚与音乐芯片电源的引脚。

（3）安装电源开关 S$_1$ 时，应注意按下时导通；安装 S$_2$ 时应将引脚保留 2cm，焊接在电路板的铜箔面使开关既可以任意调整角度（即调灵敏度），又不影响后盖的安装，S$_2$ 角度调整的最佳状态是把整个报警器正方向竖直放好，振动一下即可使开关接通，然后马上还原使开关断开。

（4）焊接音乐芯片加热时间不宜过长，以免铜箔脱落，损坏芯片。

活动设计：防盗报警器的装配和调试

（1）活动形式：每个学生独立，完成装配和调试。

（2）活动时间：120min。

（3）活动目的：综合训练电子产品的装配和调试能力。

（4）活动准备：材料准备如表 6-2-2 所示。

表 6-2-2　材料准备

材料名称	数　量
防盗报警器制作套件（电路板和元件）	1 套/人
电路图	1 份/人
装配图	1 份/人
元件清单	1 份/人
常用电子装调工具	1 套/人
实训报告	1 份/人

（5）活动实施：

① 阅读装配说明文件，明确注意事项。

② 元件装配、焊接。

③ 通电调测，调试灵敏度。调测电压 4.5V，使用任务一制作好的稳压电源进行调测。

④ 整机总装。

任务评价表如表 6-2-3 所示。

表 6-2-3　任务评价表

序号	项目	配分	评价要点	自评	互评	教师评价	平均分
1	装配工艺	30	每错一处扣 5 分				
2	焊接工艺	30	每错一处扣 5 分				
3	产品功能	20	每错一处扣 4 分				
4	实训报告	10	每错一处扣 2 分				
5	用时在规定时间内	10	超过 120min 不得分				

任务三　无线音乐门铃的装配与调试

『教学知识目标』

1. 学习多谐振荡电路及高频振荡电路的知识。
2. 学习射频发射、接收电路的知识。
3. 学习无线音乐门铃装配和调试的方法。

『岗位技能目标』

1. 能够正确的装配和焊接电子产品。
2. 能够正确使用调试工具和仪器对电路进行调试。
3. 能排除装配中出现的故障。

『职业素养目标』

1. 通过学习和实训，不断提高对电子产品装配和调试的兴趣。
2. 通过学习工具、仪器的使用，不断培养学生严谨、科学的职业情操。

上一任务中我们使用了音乐集成芯片，本次我们将继续使用音乐芯片来制作门铃。本次的制作中我们还将加入高频振荡及脉冲调制收发电路，从而使门铃具有无线遥控的功能。

一、电路原理分析

（一）按钮发射器电路原理

图 6-3-1 是本次制作门铃的按钮发射器的电路原理图，发射电路由多谐振荡器和高频振

荡器组成。

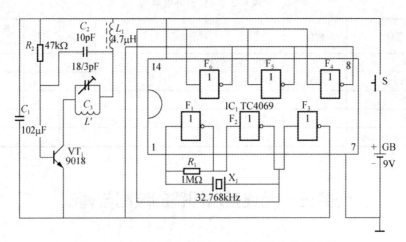

图 6-3-1　本次制作门铃的按钮发射器的电路原理图

按下开关 S 后，IC_1 中 F_1、F_2 两个非门与 R_1、晶体振荡器 X_1 组成的多谐振荡电路开始振荡，振荡器输出的方波信号经 $F_3 \sim F_6$ 整形后送入由 VT_1、C_1 等构成的高频振荡器，并对射频信号进行脉冲调制，最后经过电路板上的环形天线 L' 向外发射。C_3 是微调电容用于和接收电路进行调谐。

（二）接收器及门铃电路原理

图 6-3-2 是本次制作门铃的接收器及门铃的电路原理图，接收电路由接收解调、放大整形、音乐声响电路组成。

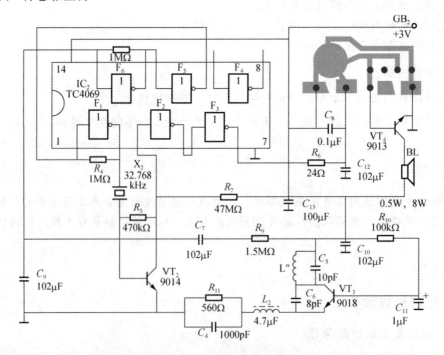

图 6-3-2　本次制作门铃的接收器及门铃的电路原理图

如图 6-3-2 所示，VT_3、C_6 及环形接收天线 L'' 等构成超高频接收解调电路，解调后的脉冲信号经 C_7 耦合进入 F_5、F_6、F_1 构成的三级高增益放大器，放大后的信号通过晶 X 振荡器 X_2 稳频、VT_2 放大后加到 F_2、F_3，变成高电平触发音乐芯片输出音乐信号，再经 VT_4 放大后推动 BL 发出响亮音乐。

二、电路调试方法

发射调整：接上 9V 直流稳压电源，用万用表测量发射电流，应在 3～8mA，用手触摸 $C3$ 两端时电流会大幅升高，说明电路起振。

接收电路调整：装入 3 节 5 号电池，测量接收电流应小于 1mA，按处发射机开关 S，将发射机放置到待调的接收机附近，用无感螺钉旋具调节 C_3 到某一位置，使门铃发声；再测量接收机 IC_2 的 3 引脚电压，微调 C_3 使该点电压最高。

三、元件布局图及装配说明

图 6-3-3 是发射和接收板的元件布局图。

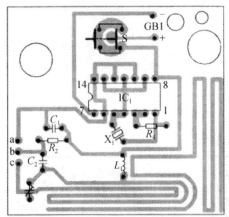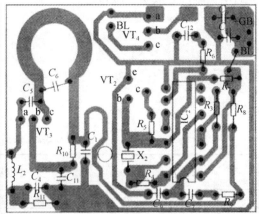

图 6-3-3　发射和接收板的元件布局图

装配注意事项：

（1）元件对号入座安装，注意有极性元件的方向。

（2）电路板上未预留音乐芯片安装位置时，需用利用剪下的引脚结合电路原理图进行焊接。

（3）装配时一般按先低矮、后高大，先轻便、后笨重的顺序进行。

（4）注意开关等元器件外壳的空间位置关系。

活动设计：无线门铃的装配和调试

（1）活动形式：每个学生独立完成装配和调试。

（2）活动时间：180min。

（3）活动目的：综合训练电子产品的装配和调试能力。

（4）活动准备：材料准备如表 6-3-1 所示。

表 6-3-1　材料准备

材料名称	数量
无线门铃制作套件（电路板和元件）	1 套/人
电路图	1 份/人
装配图	1 份/人
元件清单	1 份/人
常用电子装调工具	1 套/人

（5）活动实施：

① 阅读装配说明文件，明确注意事项。

② 元件装配、焊接。

③ 通电调测，完成实训报告。

④ 整机总装。

任务评价表如表 6-3-2 所示。

表 6-3-2　任务评价表

序号	项目	配分	评价要点	自评	互评	教师评价	平均分
1	装配工艺	30	每错一处扣 5 分				
2	焊接工艺	30	每错一处扣 5 分				
3	产品功能	20	每错一处扣 4 分				
4	实训报告	10	每错一处扣 4 分				
5	用时在规定时间内	10	超过 180min 不得分				

任务四　声光控延时开关的装配与调试

『**教学知识目标**』

1. 学习声光控延时控制电路的知识。

2. 学习声光控电路装配和调试的方法。

『岗位技能目标』

1. 能够正确的装配和焊接电子产品。
2. 能够正确使用调试工具和仪器对电路进行调试。
3. 能排除装配中出现的故障。

『职业素养目标』

1. 通过学习和实训，不断提高对电子产品装配和调试的兴趣。
2. 通过学习工具、仪器的使用，不断培养学生严谨、科学的职业情操。

声光控开关是大家非常熟悉的产品，在我们校园的走廊上、楼梯间里就安装了许多声光控开关，这些开关像长了眼睛和耳朵一样，能区别白天和黑夜，辨别有无声响。那么，这些开关的"眼睛"和"耳朵"到底长什么样？它们又是怎么看见光线，如何听到声音的呢？带着这些问题开始制作吧！

一、电路原理分析

（一）驻极体传声器的知识

驻极体传声器能感应声波振动，并将振动变换成相应的电压信号输出，实现声电转换。驻极体传声器具有体积小、结构简单、电声性能好、价格低的特点，广泛用于录音机、无线传声器及声控等电路中，图 6-4-1 是驻极体传声器的常用符号和常见外形。

图 6-4-1　驻极体传声器的常用符号和常见外形

实际器件中 D 对应"+"极、S 对应"−"极。

（二）光敏电阻的知识

光敏电阻的阻值随光照的变化而变化，它是声光控开关的"眼睛"。光敏电阻是用硫化镉或硒化镉等半导体材料制成的特殊电阻器，其工作原理是基于内光电效应。光照越强，其阻值越低，随着光强度的升高，电阻值迅速降低，亮电阻值可小至 1kΩ 以下。光敏电阻对光线十分敏感，其在无光照时，呈高阻状态，暗电阻值可高达几兆欧。图 6-4-2 是光敏电阻常见的电路符号及外形。

图 6-4-2　光敏电阻常见的电路符号及外形

（三）电路原理

图 6-4-3 是本次制作声光控延时开关的电路原理图，整个电路由整流电路电源单元、拾音放大电路、光照感应电路、开关逻辑延时触发电路等构成。

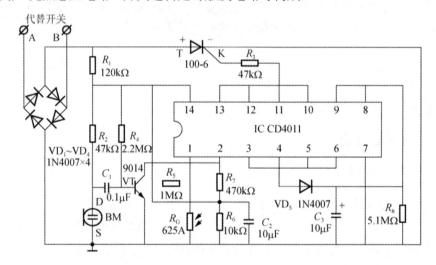

图 6-4-3　本次制作声光控延时开关的电路原理图

使用时 A（B）端代替开关串接在市电的相线上，B（A）端接负载照明灯具，灯具另一端接中性线。输入的交流电压经 $VD_1 \sim VD_4$ 构成的桥式整流电路变换成脉动直流电，为晶闸管提供正向偏置电压，同时经 R_1 降压、C_2 滤波后，为声光变换电路、开关逻辑电路提供直流电源。

R_5、R_G 串联分压，构成光照感应电路，白天光照较强，R_G 电阻值小，分得的电压低，在 IC CD4011（四输入与非门）的 1 号引脚输入低电平，IC 的 3 号引脚输出高电平，4 号引脚为 3 号引脚取反将输出低电平，后续延时触发电路不工作。黑暗情况下，R_G 电阻急剧增大，分得电压高，在 IC CD4011 的 1 号引脚输入高电平，此时 3 号引脚的输出取决于 2 号引脚的输入。

R_2、BM、VT、R_4、R_7 等元器件构成拾音放大电路，当有声刺激时，BM 将声波振动转换成微弱电压信号输出，该电压信号经 VT 放大后在 IC CD4011 的 2 号引脚输入高电平，若此时也无光照，1 号引脚输入为高电平，1 号引脚和 2 号引脚的输入经与非运算后在 IC 的 3 号引脚输出低电平，4 号引脚将输出高平，C_3 通过 VD_5 迅速充电，IC 的 8 号引脚、9 号引脚输入高电平并经两个非门整形后使晶闸管导通，点亮负载灯具。C_3 充满电后，通过 R_8 放电，当放电至低电平门限电压以下时，IC 的 8 号引脚、9 号引脚输入为低电平，晶闸管失去触发电压，随负载脉动电流减小为零后，归于截止，负载灯泡熄灭。

二、元件布局图及装配说明

图 6-4-4 是本次制作声光控延时开关的电路原理图。

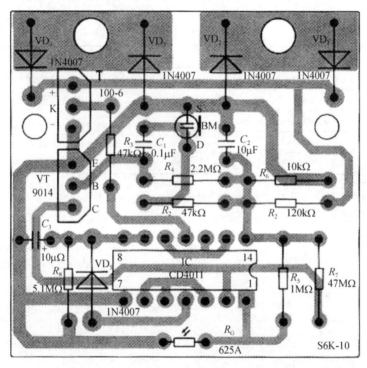

图 6-4-4　本次制作声光控延时开关的电路原理图

装调注意事项：

（1）元件对号入座安装，注意极性元件的方向。

（2）装配时一般按先低矮、后高大，先轻便、后笨重的顺序进行。

（3）注意传声器、光敏元件的安装高度既要其充分感应声、光，又不能影响外壳的安装。

（4）注意按钮等元器件外壳的空间位置关系。

（5）操作时注意人身及设备安全。

活动设计：声光延时开关的装配和调试

（1）活动形式：每个学生独立完成装配和调试。

（2）活动时间：240min。

（3）活动目的：综合训练电子产品的装配和调试能力。

（4）活动准备：材料准备如表 6-4-1 所示。

表 6-4-1　材料准备

材料名称	数　量
声光控延时开关套件（电路板和元件）	1 套/人
电路图	1 份/人
装配图	1 份/人
元件清单	1 份/人
常用电子装调工具	1 套/人

（5）活动实施：

① 阅读装配说明文件，明确注意事项。

② 元件装配、焊接。

③ 通电调测，完成实训报告。

④ 整机总装。

任务评价表如表 6-4-2 所示。

表 6-4-2　任务评价表

序号	项目	配分	评价要点	自评	互评	教师评价	平均分
1	装配工艺	30	每错一处扣 5 分				
2	焊接工艺	30	每错一处扣 5 分				
3	产品功能	20	每错一处扣 4 分				
4	实训报告	20	每错一处扣 4 分				
5	用时在规定时间内	10	超过 240min 不得分				

任务五 超外差式收音机的装配与调试

『**教学知识目标**』

1. 学习超外差式收音机的电路知识。
2. 学习超外差式收音机装配和调试的方法。

『**岗位技能目标**』

1. 能够正确装配和焊接电子产品。
2. 能够正确使用调试工具和仪器对电路进行综合调试。
3. 能排除装配中出现的故障。

『**职业素养目标**』

1. 通过学习和实训，不断提高学生对电子产品装配和调试的兴趣。
2. 通过学习工具、仪器的使用，不断培养学生严谨、科学的职业情操。

对于学习电子装调技能的人来说，通过对收音机套件的装配与调试，不但可以巩固我们所学的基础电路、基本技能，而且通过实验仪器综合调整电路参数，可使我们的综合动手能力得到全面提高。

一、电路原理分析

（一）超外差式收音机整机框图说明

超外差式收音机整机框图如图 6-5-1 所示。从图 6-5-1 中可知，超外差式收音机由调谐输入电路、本机振荡电路、混频电路、中频放大电路、检波电路、自动增益控制电路、音频放大电路构成。天线是初始信号输入端，扬声器是音频信号输出端。

在发射端，声音信号被转换电信号并对高频载波进行调制后向空间发射传播，就像生活中人们为到远方而坐上火车一样。

在接收端，输入调谐电路将我们所需的电台信号选择出来，送入混频电路。为了保证不同频率的电台信号在收音机中一样地放大，收音机接收电台信号后，无论其频率高低都转换成一个固定的中频信号，这个工作由本机振荡电路、混频电路完成，在混频电路中被选择的电台信号和本机振荡电路的高频信号进行差频得到 465kHz 的中频信号。

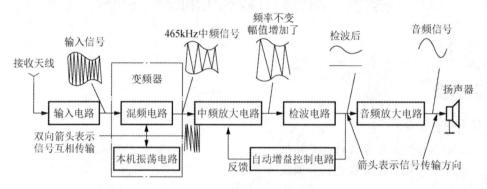

图 6-5-1　超外差式收音机整机框图

中频信号经过中频放大电路放大，检波解调得到音频信号。检波指音频信号从中频载波中分离出来的过程，好比人们乘火车到了目的地需要下车一样。检波后得到音频信号较弱，经过音频放大电路进行电压和功率放大后推动扬声器发声。

自动增益控制电路的作用是当输入强弱不同的电台信号时，通过自动调节中放电路的增益来保证检波输出的音频信号幅度基本不变，以防音频信号失真。

（二）收音机原理图分析

图 6-5-2 是本次制作的收音机电路原理图，图中磁性天线 T_1 的一次绕组 ab、可变电容 C_A 构成串联谐振电路，用于收音机输入调谐，C_A 可改变谐振频率，从而实现选择不同频率电台的功能。VT_1、R_1、T_2、C_B 等元器件构成本机振荡及混频电路，把从 T1 的 cd 绕组耦合输入的电台信号混频差转成 465kHz 的中频调幅信号，T_3 是中频变压器，其选择性地把中频信号耦合到下一级中频放大路中。

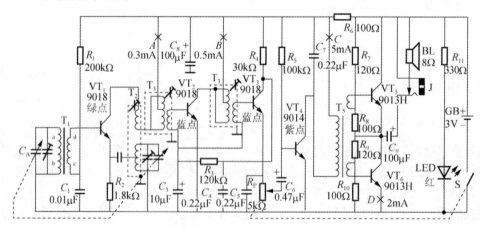

图 6-5-2　本次制作的收音机电路原理图

VT_2、VT_3、T_4、R_4 等元器件构成两级中频放大电路，该电路把 T_3 耦合过来的中频调幅信号放大。其中，VT_3 兼作检波晶体管，它把中频信号的负半周去掉。R_P、C_5 构成 RC 滤波器，将检波后的中频信号滤除得到音频信号。音频信号通过 C_6 耦合至 VT_4、R_5 等构成的低频电压放电级进行电压放大，放大后经 T_5 耦合至 VT_5、VT_6 构成的功率放大电路进行功率放大，最后经 C_9 耦合输出，扬声器 BL 还原出声音。R_3、C_3、C_4 构成 RC-$π$ 型滤波器得到直流成分作为中频放大电路的自动增益控制反馈电压。

二、元件布局图及装调说明

图 6-5-3 是超外差式收音机的安装布局图。

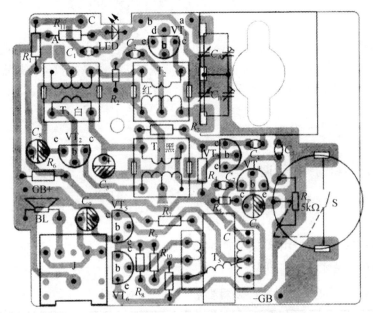

磁棒线圈线头示意图

图 6-5-3　超外差式收音机的安装布局图

1. 特殊元件说明

（1）中频变压器（中周）3 只为一套，接线图见印制板图。T_2 为振荡线圈的中频变压器型号为 LF10-1（红色）、T_3 为一级中放的中频变压器型号为 TF10-1（白色）、T_4 为二级中放的中频变压器型号为 TF10-2（黑色）。所有中频变压器在出厂时已经调在规定频率上，装好后只需微调（甚至不调），不要调乱。中频变压器外壳起屏蔽和导线作用必须可靠接地。

（2）T_5 为输入变压器，线圈骨架上有凸点电标记为一次侧，印制电路板上对应为圆点标记，安装时不要装反。

（3）晶体管 9018 为高频管，不要和 9013 混用。

2. 装配工艺说明

（1）元件对号入座安装，注意极性元件的方向。

（2）装配时一般按先低矮、后高大，先轻便、后笨重的顺序进行。

（3）电阻安装时，根据两孔的距离弯曲电阻引脚，距离太近时采用立式安装，高度要统一。

（4）注意晶体管、电容等元器件的安装高度，不能超过中周的高度，以免影响后盖的安装。

（5）磁棒天线的引线先镀锡再焊接在电路板上。

（6）耳机插孔的安装速度要快，以免烫坏塑料件。

（7）拨盘、开关、指示灯安装时应先找准开口位置，再确定元件安装方式，引脚预留一定长度，以免空间位置冲突。

3. 调试说明

合上开关前，先测量整机静态电流，若电流小于 10mA，则可以通电。将调节电位器至最大电阻，音量调至最小，分别测量 D、C、B、A 4 个电流缺口，若测量的数值在规定值附近，即可将这 4 个缺口依次连通，若偏差太大则应进行电流参数的调整。

活动设计：超外差式收音机的装配和调试

（1）活动形式：每个学生独立完成装配和调试。

（2）活动时间：240min。

（3）活动目的：综合训练电子产品的装配和调试能力。

（4）活动准备：材料准备如表 6-5-1 所示。

表 6-5-1　材料准备

材料名称	数　量
超外差式收音机套件（电路板和元件）	1 套/人
电路图	1 份/人
装配图	1 份/人
元件清单	1 份/人
常用电子装调工具	1 套/人

（5）活动实施：

① 阅读装配说明文件，明确注意事项。

② 元件装配、焊接。

③ 通电调测，完成实训报告。

④ 整机总装。

任务评价表如表 6-5-2 所示。

表 6-5-2　任务评价表

序号	项目	配分	评价要点	自评	互评	教师评价	平均分
1	装配工艺	30	每错一处扣 5 分				
2	焊接工艺	30	每错一处扣 5 分				
3	产品功能	20	每错一处扣 4 分				
4	实训报告	10	每错一处扣 4 分				
5	用时在规定时间内	10	超过 240mn 不得分				

任务六　电子钟的装配与调试

『教学知识目标』

1. 学习电子钟电路的知识。
2. 学习电子钟电路装配和调试的方法。

『岗位技能目标』

1. 能够正确装配和焊接电子产品。
2. 能够正确使用调试工具和仪器对电路进行综合调试。
3. 能排除装配中出现的故障。

『职业素养目标』

1. 通过学习和实训，不断提高对电子产品装配和调试的兴趣。
2. 通过学习工具、仪器的使用，不断培养学生严谨、科学的职业情操。

数字钟是大家熟知的计时装置，它具有计时准确，显示直观，功能易于扩展等优点。本次我们将制作一个基于石英晶体的数字电子时钟，它除了常规电子钟的计时、报时、闹铃功能外，还有定时控制输出（小保姆）功能，让我们开始制作吧！

一、电路原理分析

（一）电子钟原理图分析

图 6-6-1 是本次制作的电子钟的原理图，其中 T 为电源变压器，二次电压经 $VD_6 \sim VD_9$ 桥式整流及 C_3、C_4 滤波后得到平滑直流电，供主电路和显示屏工作。当交流电源停电时，备用电池通过 VD_5 向电路供电。

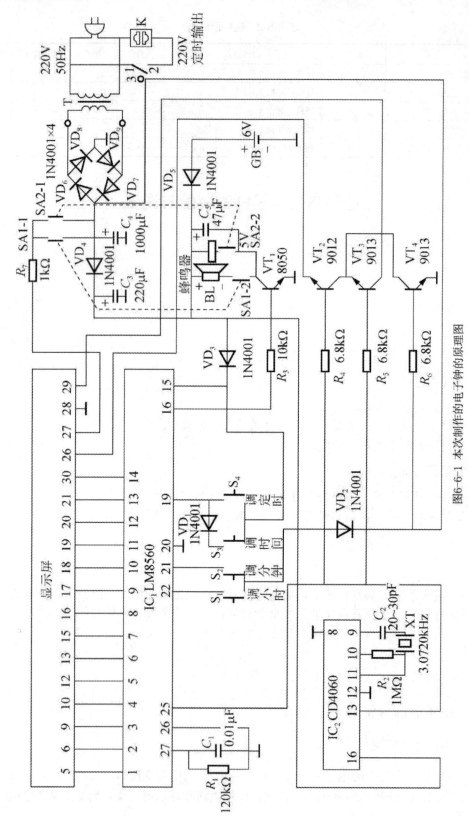

图6-6-1 本次制作的电子钟的原理图

IC$_2$（CD4060）、JT、R_2、C_2 构成 50Hz 的时基电路，30.720kHz 的信号经分频后，得到 50Hz 信号从 IC$_2$ 的 13 号引脚送出到 LM8560 的 25 号引脚，并作为秒信号经 VT$_2$、VT$_3$ 驱动显示频的闪动。

LM8560 是 50/60Hz 的时基 24h 专用数字钟集成电路，有 28 只引脚，1～14 号引脚是显示笔划输出，15 号引脚为电源端，20 号引脚为地（负电电源）端，27 号引脚是内部振荡器 RC 输入端，16 号引脚为报警输出，这里用报警信号控制继电器得电，从而控制交流电源的开启。当调好定时时间后，并按下 SA$_2$，显示屏右下方有绿点指示，到定时时间有驱动信号经 R_3 使 VT$_1$ 饱和，继电器 K 得电工作，常开触点闭合，插装孔有 220V 交流电源输出。

面板控制开关说明：从左到右存在 4 个微动开关，分别是 S$_4$ 定时模式开关、S$_3$ 调时模式开关、S$_2$ 调整分钟开关、S$_1$ 调整小时开关。按下 S$_4$ 的同时按 S$_1$，即可调定时小时数，按下 S$_4$ 同时按 S$_2$，即可调定时分钟数；按下 S$_3$ 的同时按 S$_1$，即可调走时小时数；按下 S$_3$ 同时 S$_2$，即可调走时分钟数。两个自锁开关分别是 SA$_1$ 闹铃使能开关，SA$_2$ 定时输出使能开关。按下 SA$_1$ 当定时时间到，蜂鸣器报警，按下 SA$_2$ 定时时间到，插座输出交流电压。

二、元件布局图及装调说明

图 6-6-2 是电子钟的安装布局图。

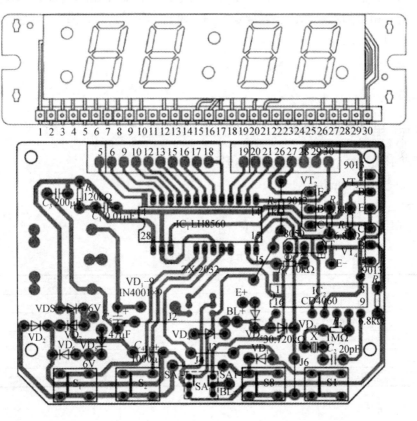

图 6-6-2 小保姆电子钟的安装布局图

1. 装配工艺说明

（1）元件对号入座安装，注意极性元件的方向。

（2）装配时一般按先低矮、后高大，先轻便、后笨重的顺序进行。

（3）电阻安装时，根据两孔的距离弯曲电阻引脚，距离太近时采用立式安装，高度要统一。

（4）电解电容 C_3、C_4 安装时紧贴电路板卧式安装。

（5）排线两端去塑料皮上锡后，一端按电路图的序号接 LED 的显示屏，另一端接电路板，显示屏用螺钉固定在电路板上，排线折成 S 形，以防排线在焊接处折断。

（6）蜂鸣器安装在前盖的共振腔座孔中并用胶固定。在蜂鸣器两端分别焊接红、白导线，导线另一端分别接 BL+、BL-。

2. 调试说明

通电时一定要注意高压危险，插电源注意手一定不要触及电极。调整当时时间：用手指按住 S_3，用另一手指按下 S_1 直到当前小时数（当左上角有点显示时表示上午，反之为下午），再用手指按 S_2 直到当前分钟数，松开 S_3。调定时时间：用手指按下 S_4 不动，时、分的调整方法同调当前时间一样。当需要定时输出电源时将 SA_2 按下，不用时可松开，这时显示屏右下角有相应的点显示；当需要定时闹铃时将 SA_1 按下，不用时可松开，这时显示屏的右下角有相应点的显示。

任务实施

活动设计：电子钟装配和调试

（1）活动形式：每个学生独立完成装配和调试。

（2）活动时间：240min。

（3）活动目的：综合训练电子产品的装配和调试能力。

（4）活动准备：材料准备如表 6-6-1 所示。

表 6-6-1　材料准备

材料名称	数　量
电子钟套件（电路板和元件）	1 套/人
电路图	1 份/人
装配图	1 份/人
元件清单	1 份/人
常用电子装调工具	1 套/人

（5）活动实施：

① 阅读装配说明文件，明确注意事项。

② 元件装配、焊接。

③ 通电调测，完成实训报告。

④ 整机总装。

任务评价表如表 6-6-2 所示。

表 6-6-2　任务评价表

序号	项目	配分	评价要点	自评	互评	教师评价	平均分
1	装配工艺	30	每错一处扣 5 分				
2	焊接工艺	30	每错一处扣 5 分				
3	产品功能	20	每错一处扣 4 分				
4	实训报告	10	每错一处扣 2 分				
5	用时在规定时间内	10	超过 240min 不得分				

参 考 文 献

[1] 方孔婴. 电子工艺技术[M]. 北京：科学出版社，2014.

[2] 高卫斌. 电子线路[M]. 北京：电子工业出版社，2004.

[3] 廖芳. 电子产品制作工艺与操作实训[M]. 北京：中国铁道出版社，2011.

[4] 王启洋，张梅梅. 电子技术基础与技能[M]. 大连：大连理工大学出版社，2010.

[5] 王毅. 电子产品制作与技能训练[M]. 北京：科学出版社，2014.